Guy Degla
David Gandonou

La Méthode du Point Proximal

AF138160

Guy Degla
David Gandonou

La Méthode du Point Proximal

Optimisation convexe et Stratégies de recherche d'un zéro d'un opérateur monotone maximal

Éditions universitaires européennes

Impressum / Mentions légales

Bibliografische Information der Deutschen Nationalbibliothek: Die Deutsche Nationalbibliothek verzeichnet diese Publikation in der Deutschen Nationalbibliografie; detaillierte bibliografische Daten sind im Internet über http://dnb.d-nb.de abrufbar.

Alle in diesem Buch genannten Marken und Produktnamen unterliegen warenzeichen-, marken- oder patentrechtlichem Schutz bzw. sind Warenzeichen oder eingetragene Warenzeichen der jeweiligen Inhaber. Die Wiedergabe von Marken, Produktnamen, Gebrauchsnamen, Handelsnamen, Warenbezeichnungen u.s.w. in diesem Werk berechtigt auch ohne besondere Kennzeichnung nicht zu der Annahme, dass solche Namen im Sinne der Warenzeichen- und Markenschutzgesetzgebung als frei zu betrachten wären und daher von jedermann benutzt werden dürften.

Information bibliographique publiée par la Deutsche Nationalbibliothek: La Deutsche Nationalbibliothek inscrit cette publication à la Deutsche Nationalbibliografie; des données bibliographiques détaillées sont disponibles sur internet à l'adresse http://dnb.d-nb.de.

Toutes marques et noms de produits mentionnés dans ce livre demeurent sous la protection des marques, des marques déposées et des brevets, et sont des marques ou des marques déposées de leurs détenteurs respectifs. L'utilisation des marques, noms de produits, noms communs, noms commerciaux, descriptions de produits, etc, même sans qu'ils soient mentionnés de façon particulière dans ce livre ne signifie en aucune façon que ces noms peuvent être utilisés sans restriction à l'égard de la législation pour la protection des marques et des marques déposées et pourraient donc être utilisés par quiconque.

Coverbild / Photo de couverture: www.ingimage.com

Verlag / Editeur:
Éditions universitaires européennes
ist ein Imprint der / est une marque déposée de
OmniScriptum GmbH & Co. KG
Heinrich-Böcking-Str. 6-8, 66121 Saarbrücken, Deutschland / Allemagne
Email: info@editions-ue.com

Herstellung: siehe letzte Seite /
Impression: voir la dernière page
ISBN: 978-3-8417-8267-0

Institut de Mathématiques et de Sciences Physiques

(Université d'Abomey-Calavi)

La Méthode du Point Proximal

Projet réalisé dans le cadre

du Mémoire de Master II (Option Recherche Opérationnelle)
soutenu par M. GANDONOU David sous la Direction de Dr Guy DEGLA

IMSP 2011-2012

Dédicaces

De la Part de Gandonou

A mon Prof : Docteur DEGLA Guy

A ma mère Feue KOUDOGBO Viviane

A mon père Feu GANDONOU Vincent

A tous les enfants du monde, en particulier :

* Ceux de l'EPMBC(Eglise Protestante Méthodiste du Bénin Conférence) Midombo

Cotonou

*AHOUANMENOU Colombe, ODUNLAMI(Jordy, Emery),...............

Remerciements
De la Part de Gandonou

Je voudrais tout d'abord exprimer toute ma gratitude au Docteur Guy DEGLA, Enseignant-Chercheur à l'Institut de Mathématiques et de Sciences Physiques (IMSP) de l'Université d'Abomey-Calavi (UAC) du Bénin, pour le choix du sujet et la direction du travail. Il a accepté de toute sa volonté de diriger les travaux du présent mémoire de Master, malgré ses multiples charges scientifiques. Ses conseils judicieux, sa disponibilité et son guide ont rendu possible la réussite de ce mémoire. Mais plus que des conseils, c'est un regard nouveau de la recherche que j'ai découvert. Merci, Professeur.

Je remercie aussi le **Professeur Dr. Ralf Korn de l'Université de KAISERLAUTERN de l'ALLEMAGNE** pour sa collaboration.

Je tiens à exprimer ici toute ma gratitude au Professeur **Joël TOSSA**, Directeur de l'IMSP, de m'avoir donné l'opportunité de suivre cette excellente formation.

Je remercie tous les **professeurs** de l'IMSP sans distinction pour leurs dévouements au travail.

Je remercie sincèrement Dr **AHOUNOU Bernadin** et Dr LEADY Liamidi Enseignant-Chercheurs à la Faculté des Sciences et Techniques (FAST) de l'Université d'Abomey-Calavi (UAC) du Bénin, pour leur recommandation.

J'exprime ma gratitude à tous mes **professeurs** de l'UAC en général et de l'IMSP en particulier pour m'avoir donné le goût de la recherche scientifique.

Je pense également à tous les **doctorants** et **jeunes docteurs** de l'IMSP pour leur soutien moral en particulier.

A **tout le personnel enseignant et administratif de l'IMSP (Benin)**, en particulier les **professeurs Aboubacar MARCOS Cyriaque ATINDOGBE** et **Léonard TODJI-HOUNDE**, j'adresse mes sincères remerciements pour leur encadrement scientifique et leur soutien logistique et moral.

Je rends un vibrant **hommage** à ma mère, **Feue Viviane KOUDOGBO** (–2011) et mon père, **Feu Vincent GANDONOU** (–1993) pour m'avoir montré le chemin de l'école et soutenu dans mes études. Le présent mémoire de MASTER est l'un des résultats de vos efforts et nobles sacrifices que vous avez consentis en faveur de ma réussite. **SOYEZ -EN -REMERCIE.**

Je remercie sincèrement Mr Maouf CHITOU et sa femme, Chef DJOSSE, Mr Simon SENOU et sa femme, Mr DOVOEDO et sa femme pour les soutiens financiers et moraux, en particulier pour la confiance que j'ai obtenu d'eux pour tenir dans un climat social dans ce monde : **MERCI POUR CETTE CAUSE** .

Mes remerciement vont à l'endroit de mes frères **Lévy BENNI, Salomom GANDONOU, Sylvain GANDONOU**, mes sœurs **Denise GANDONOU, Madeleine GANDONOU, Julie GANDONOU, Hanna BENNI** et **Princesse BENNI** et aussi à l'endroit des amis à savoir **ESSESSINOU Raïmi, ADETOLA Djamal, ESSOUN Martin, HO-TESSOU Martin, KOKOYE (Salomom, Prisca, Martine), TOGNON Ardot, A. Armel, KPONON Malius, S. Dotou TALL (Mohamed, Sada), BODO Aurore, Alain NOUKPO, A. Michel, H. Elie, SALOU Latif, K. Brice, Mr KPANOU, T. Epiphane**, Mme et Mr **DOVOEDO**, Jerôme **BASILIA, SYLLA Mohamed, DEM-BELE André, KONATE Moussa, Ménédor KARIMUMURYANGO, Mito Aziz, Julien TOKPAWANOU, ATTAN Sylvain, William KAMPO Mouhamed, SOW Oumar, HOUETO Victor, KOUDI Jean, LALEYE Fréjus, Docteur HOUENOU Franck, ASSOGBA Thècles, KAMANO Faya Doumbo, N'KOU VAN B.**, Salomon **MBATAKOU, Joël KPLE**, en particulier à ma cousine **Bénindicte HOUNSA, son mari et ses enfants O. (JORDI et EMERY)**.

Et enfin merci à **DIEU TOUT PUISSANT** qui m'a guidé tout au long de mes travaux et que sa volonté se fasse dans ma vie.

Préface

Ce mémoire s'inscrit dans le cadre de la Recherche Opérationnelle et porte sur une méthode générale de détermination des solutions de certains problèmes d'Optimisation Convexe : *L'Algorithme du Point Proximal*.

La Recherche Opérationnelle est une science de l'aide à la décision. Elle utilise les sciences mathématiques pour rechercher la meilleure décision dans la résolution de problèmes qui se caractérisent par l'allocation optimale de ressources rares. Les domaines d'application concernent les problèmes multi-disciplinaires issus de l'ingénierie, de l'économie, des sciences humaines et sociales (problèmes industriels, d'organisation ou de gestion). Les ressources y sont celles nécessaires à la production et à la consommation, et leur restriction est source de compétition. La Recherche Opérationnelle traite donc, entre autres, de modélisation mathématique et d'optimisation réaliste qui exigent des réponses claires et concrètes.

Donc il ne suffira jamais en pratique de modéliser de tels problèmes d'optimisation et d'en établir théoriquement l'existence de solutions optimales, il faudra aussi les déterminer explicitement ou les approcher. D'où l'importance de la Méthode de l'Algorithme du Point Proximal qui est un algorithme qui permet de déterminer les zéros des opérateurs maximaux (e.g., le sous-différentiel d'une fonction convexe propre) et donc les solutions optimales des problèmes de minimisation convexe, ou les états d'équilibre (points critiques) des problèmes de minimax.

Le but de ce travail est de faire un aperçu sur les résultats classiques d'existence de solutions en Optimisation Convexe et/ou Différentiable, de présenter l'Algorithme du Point Proximal (avec quelques unes de ses variantes) et ensuite de donner quelques Applications à la résolutions de problèmes d'Optimisation aussi bien Convexe que Non-convexe.

Il est à noter que l'Algorithme du Point Proximal est aussi une méthode de régularisation et d'approximation de problèmes d'optimisation convexe ayant beaucoup de perspectives.

Table des matières

Introduction et Motivation

Dans ce mémoire, nous rappelons quelques résultats classiques d'existence de solutions aux problèmes d'optimisation convexes, nous présentons l'*Algorithme du Point Proximal avec quelques unes de ses variantes* et nous donnons quelques Applications en Optimisation.

La Théorie d'Optimisation est une branche mathématique qui s'occupe de l'étude, de l'existence et de la détermination du maximum ou du minimum d'une fonctionnelle. Et comme le supremum (plus petite valeur des majorants et seule valeur pouvant être le maximum) d'une fonctionnelle est l'opposé de l'infimum de l'opposé de cette fonctionnelle,

$$\text{i.e.,} \qquad \sup_X f \; = \; -\inf_X \big(-f \big),$$

tout Problème d'Optimisation peut être ramené à un Problème de Minimisation.

Etant donné une application f définie d'un ensemble non vide X vers la droite réelle achevée $\overline{\mathbb{R}} = \mathbb{R} \cup \{-\infty, \infty\}$, *minimiser f* sur un ensemble non vide X consiste à trouver le minimum de f ; *valeur minimale, m* s'il existe, et un *point minimum $x_o \in X$* appelé *solution minimale* qui réalise ce minimum (i.e. $f(x_o) = m$). Un tel problème de minimisation s'écrit alors

$$\inf_{x \in X} \; f(x) \qquad \text{ou simplement} \qquad \inf_X f \, .$$

Lorsqu'on sait que ce problème admet au moins une solution, on préfère écrire

$$\min_{x \in X} \; f(x) \qquad \text{ou simplement} \qquad \min_X f \, .$$

L'ensemble des solutions minimales de ce problème se désigne souvent par

$$\text{Argmin} \Big\{ f(x) \; : \; x \in X \Big\} \qquad \text{ou simplement} \qquad \text{Argmin}_X f \, .$$

L'optimisation dans $\mathbb{R}$ se résume en quelques théorèmes de base à savoir :

Théorème 0.1 (Weierstrass)

Etant donnés deux nombres réels $a < b$, si $f : [a, b] \longrightarrow \mathbb{R}$ est continue, alors l'infimum de f est atteint (en d'autres termes, f atteint sa borne inférieure).

Théorème 0.2 (Fermat)

Etant donnés deux nombres réels $a < b$ et une fonction dérivable $f :]a, b[\longrightarrow \mathbb{R}$, si x_o minimise f sur $]a, b[$, alors $f'(x_o) = 0$.

Théorème 0.3 (de concavité)

Etant donnés deux nombres réels $a < b$, si $f : [a, b] \longrightarrow \mathbb{R}$ est une fonction concave, alors f est continue et atteint son minimum en a ou b.

Théorème 0.4 (de convexité)

Etant donnés deux nombres réels $a < b$ et une fonction dérivable et convexe $f :]a, b[\longrightarrow \mathbb{R}$, si $f'(x_o) = 0$ alors x_o minimise f sur $]a, b[$.

Ces faits décrivent les trois thèmes de l'Optimisation : Existence de valeur optimale, Conditions Néccéssaires d'Optimalité et Conditions Suffisantes d'Optimalité.

De plus pour des raisons de résolution numérique (programmation mathématique) en pratique, lorsqu'on a une solution optimale, on est confronté aux questions suivantes sur elle :

- Est-elle unique ? Ou au moins isolée ?

- Comment la caractériser ?

- Comment la calculer ?

Si pour certains problèmes il existe des méthodes permettant d'apporter des éléments de réponse aux différentes questions, il n'en demeurre pas moins que pour beaucoup de problèmes il n'est pas aisé de prouver l'existence des solutions, et lorsqu'on y parvient, la détermination de la solution peut s'avérer très difficile ou très coûteux en temps. Au fait, la recherche de solutions pour un problème d'Optimisation Différentielle (i.e, à fonction objectif différentiable) ou Convexe (i.e, à fonction objectif convexe) conduit souvent à la résolution d'une équation du type

$$F'(x) = 0,$$

ou d'une inclusion du type

$$0 \in \partial F(x).$$

Les mathématiciens comme **Martinet**, **Rockafellar, Güler**, etc..., ont longtemps travaillé sur ces types d'équations et d'inéquations et en ont établi un Algorithme dit du Point Proximal qui nous intéresse particulièrement maintenant.

Le but de ce travail est donc de faire un aperçu sur les différentes versions de la **Méthode du Point Proximal** (introduite par Martinet en 1970 et devéloppée par d'autres auteurs comme Rockafellar, Güler ...) après avoir donné quelques résultats classiques sur les méthodes d'optimisation et les conditions d'optimalité. La plupart des résultats généraux se trouvent dans les livres de J.-B. Hiriart-Urruty & C. Lemaréchal [4] et de M. Willem[9].

Préliminaires :

Optimisation et Analyse Convexe

1.1 Présentation des problèmes d'optimisation.

1.1.1 Généralités

En général un problème d'optimisation comporte une étape essentielle à savoir la modélisation mathématique. Elle comprend trois étapes :

1. *Identification des variables de décision.*

2. *Définition de la fonction-coût (encore appelée fonction-objectif ou fonction économique) qui caractérise quantitativement le critère à optimiser.*

3. *Description des contraintes imposées aux variables de décision compte tenu du domaine de définition de la fonction-objectif.*

Le problème d'optimisation consiste alors à déterminer les valeurs des variables de décision conduisant aux conditions optimales de fonctionnement du système (ce qui revient à minimiser ou maximiser la fonction coût) tout en respectant les contraintes d'utilisation.

D'une façon générale, étant donné un ensemble non vide X et une application

$$f : X \longrightarrow \mathbb{R} \cup \{-\infty, \infty\}$$

et K une partie non vide de X, un problème de minimisation de *fonction-objectif* f sous la *contrainte* $x \in K$ s'écrit :

$$(P) \qquad \inf_{x \in K} f(x).$$

Résoudre ce problème, c'est trouver $x^* \in K$ tel que

$$f(x^*) \leq f(x) \quad \text{pour tout } x \in K.$$

Lorsque la fonction f prend la valeur $-\infty$ ou est identiquement égale à $+\infty$ sur K, ce problème admet trivialement une solution minimale dans K. Donc on ne considérera que le cas où

$$f : X \longrightarrow \mathbb{R} \cup \{+\infty\} \quad \text{et} \quad \exists x_o \in X : f(x_o) < +\infty;$$

i.e., f est propre.

Dans le problème (P), K est appelé l'ensemble des *variables admissibles* du problème et définit les contraintes s'exerçant sur le problème considéré.

a) Lorsque $K = X$, on dit que (P) est un problème d'*optimisation sans contrainte*.

b) Lorsque $K \subsetneq X$, on dit que (P) est un problème d'*optimisation sous contrainte*.

c) Si X est un ensemble discrèt, on dit que (P) est un problème d'*optimisation discrète*, dans le cas contraire on parle d'*optimisation continue* lorsque la variable $x \in X$ décrit uniquement des valeurs continues et d'*optimisation hybride* lorsque la variable $x \in X$ prend des valeurs mixtes (certaines valeurs discrètes et d'autres valeurs continues).

d) Dans le cas où X est un espace vectoriel,
   – si $\dim X < +\infty$, on parle d'*optimisation en dimension finie*,
   – si K et f sont convexes, on parle d'*optimisation convexe*,
   – si f est différentiable et K est défini par des fonctions différentiables, on parle d'*optimisation différentiable*.

e) Lorsque f est une fonction aléatoire ou les contraintes sont aléatoires, on parle d'optimisation stochastique.

Dans la suite, X sera un espace Euclidien ou un espace de Hilbert réel séparable.

1.1.2   Terminologies

Soient K une partie non vide de X et $x^* \in K$.

– *On dit que* x^* *est un* **minimiseur global** *de* f *sur* K *lorsque :*

$$f(x^*) \leq f(x), \text{ pour tout } x \in K.$$

– On dit que x^* est un **minimiseur global strict** de f sur K lorsque :

$$f(x^*) < f(x), \quad pour\ tout\ x \in K \setminus \{x^*\}.$$

– On dit que x^* est un **minimiseur local** de f lorsqu'il existe un voisinage ouvert U de x^* dans K tel que :

$$f(x^*) \leq f(x), \quad pour\ tout\ x \in U.$$

– On dit que x^* est un **minimiseur local strict** de f lorsqu'il existe un voisinage ouvert U de x^* dans K tel que :

$$f(x^*) < f(x), \quad pour\ tout\ x \in U \setminus \{x^*\}.$$

– Une suite $(x_p) \in K$ est une **suite minimisante** de f si :

$$\lim_{p \to +\infty} f(x_p) = \inf_{x \in K} f(x)$$

Il existe des outils mathématiques essentiels pour étudier les problèmes d'optimisation. Ils reposent sur les notions de compacité, de continuité, de différentiabilité et de convexité avec leurs propriétés. Avant de donner quelques résultats classiques en Optimisation, nous allons faire un bref aperçu sur ces différentes notions de Topologie et d'Analyse.

1.2 Notions topologiques

Définitions 1.2.1

Soit (E, d) un espace métrique (i.e., un ensemble non vide E muni d'une distance d).

– On dit que $x \in E$ est la **limite** d'une suite $(x_n)_n$ d'éléments de E si la suite $\big(d(x_n, x)\big)_n$ converge vers 0 dans $\mathbb{R}$; i.e.,

$$\forall \varepsilon > 0, \ \exists n_0 \in \mathbb{N}^* \ tel\ que \quad \forall n \geq n_0, \ d(x_n, x) \leq \varepsilon$$

– On dit qu'une suite $(x_n)_n$ d'éléments de E est **convergente par rapport à la métrique** d lorsqu'elle admet une limite dans E.

Notons que si une suite est convergente, alors sa limite est **unique**.

– *Une partie A de E est dite **fermée** si et seulement si pour toute suite convergente $(x_n)_n$, d'éléments de A, la limite de cette suite appartient à A.*

– *La suite $(x_n)_n$ est une **suite de Cauchy** si :*

$$\forall \varepsilon > 0, \ \exists n_0 \in \mathbb{N}^* \ tel \ que \ pour \ tout \ (p,q) \in \mathbb{N}^2 \ avec \ p \geq n_0 \ et \ q \geq n_0 \ on \ a \ d(x_p, x_q) \leq \varepsilon.$$

*L'espace métrique (E,d) est dit **complet** si et seulement si toute suite de Cauchy d'éléments de E converge dans E.*

– *On dit que $x \in E$ est une **valeur d'adhérence** pour une suite (x_n), lorsque (x_n) admet une sous-suite qui converge vers x.*

– *On dit que l'espace métrique (E,d) est **compact** si et seulement toute suite d'éléments de E admet une sous-suite convergente.*

– *On dit qu'une partie A de l'espace métrique (E,d) est compacte si toute suite d'éléments de A admet une sous-suite qui converge dans A.*

Notons également que A est compact si de tout recouvrement de A par une famille d'ouverts, on peut extraire un recouvrement fini.

– *Un **espace (vectoriel) normé** $(F, || \cdot ||)$ a une métrique naturelle d définie par $d(x,y) = ||x - y||$ pour tous $x, y \in F$.*

– *Un espace pré-hilbertien ; i.e., un espace vectoriel muni d'un produit scalaire $\langle \cdot, \cdot \rangle$, a une structure naturel d'espace normé, et donc une structure d'espace métrique. Rappelons que cette norme est définie par $||x|| = \sqrt{\langle x, x \rangle}$.*

*Un **espace de Hilbert** est un espace préhilbertien complet par rapport à sa métrique naturelle.*

Tout espace pré-hilbertien de dimension finie est complet et appelé espace Euclidien.

Certains auteurs préfèrent désigner par espace de Hilbert, les espaces préhilbertiens complets de dimension infinie.

– *Une fonction $f : E \longrightarrow \mathbb{R}$ est **continue** en un point x^* de E lorsque :*

$$\forall \varepsilon > 0, \quad \exists \eta > 0, \ tel \ que : \qquad d(x, x^*) < \eta \quad \Longrightarrow \quad |f(x) - f(x^*)| < \varepsilon.$$

Lorsque f est continue en tout point de E, on dit que f est continue sur E.

Notons également que f est continue en $x^* \in E$ si pour toute suite $(x_k)_k$ d'éléments de E qui converge vers x^*, la suite $(f(x_k))_k$ d'éléments de $\mathbb{R}$ converge vers $f(x^*)$. En d'autres termes, la continuité d'une fonction à valeurs réelles sur un espace métrique est équivalente à la continuité sequentielle.

– *Une fonction $f : E \longrightarrow \mathbb{R}$ est dite* **uniformément continue** *si :*

$$\forall \varepsilon > 0, \quad \exists \eta > 0, \quad tel \ que : \quad \forall (x,y) \in E^2, \quad d(x,y) < \eta \quad \Longrightarrow \quad |f(x) - f(y)| < \varepsilon.$$

– *Une fonction $f : E \longrightarrow \mathbb{R}$ est dite bornée si son ensemble image est bornée dans $\mathbb{R}$; c'est-à-dire,*

$$\sup_{x \in E} |f(x)| < +\infty.$$

La **norme-sup** *d'une fonction bornée f est définie par*

$$\|f\|_\infty = \sup_{x \in E} |f(x)|$$

Une fonction $f : E \longrightarrow \mathbb{R}$ est dite **bornée au sens général** *si pour toute partie bornée A de E, $f(A)$ est bornée dans $\mathbb{R}$; en d'autres termes, étant donné $a \in E$,*

$$\forall r > 0, \ \exists M > 0 : \quad \forall x \in E, \ d(a,x) < r \quad \Longrightarrow \quad |f(x)| < M.$$

– Une fonction $f : E \longrightarrow \mathbb{R}$ est dite k-**Lipschitzienne** *si :*

$$\exists k \in \mathbb{R}^+ \quad tel \ que : \quad \forall (x,y) \in E^2, \quad |f(x) - f(y)| \le k \, d(x,y).$$

Si $k < 1$, on dit que f est **contractante.**

Propriétés 1.2.2

$\mathbf{P_1}$) Soit (E,d) un espace métrique. *Si A est une partie compacte de E, alors A est* **fermée** *et* **bornée.**

$\mathbf{P_2}$) Si E est un espace normé de dimension finie, alors ses parties **compactes** sont les parties **fermées** et **bornées.**

$\mathbf{P_3}$) Tout espace métrique compact est **complet.**

$\mathbf{P_4}$) Si la boule unité (fermée) d'un espace vectoriel normé E est compacte, alors E est de dimension finie

Proposition 1.2.3

Soient $(E, || \cdot ||_E)$ et $(F, || \cdot ||_F)$ deux espaces vectoriels normés et f une application linéaire de E vers F, i.e. $f \in \mathrm{L}(E, F)$.

Alors les quatre assertions suivantes sont équivalentes :

1) f est continue (sur E).

2) f est continue en 0.

3) L'image par f de toute partie bornée de E est une partie bornée de F. C'est-à-dire que f est bornée (au sens général).

4) Il existe une constante positive $C > 0$ telle que

$$||f(x)||_F \leq C\, ||x||_E, \quad \forall\, x \in E.$$

Si E est est de dimension finie, alors toutes les applications linéaires de E dans F sont continues.

Définition 1.2.4

Soient E et F deux espaces vectoriels normés. On note $\mathcal{L}(E, F)$ l'ensemble des applications linéaires continues de E dans F.

– Une **norme** dans $\mathcal{L}(E, F)$ est définie par :

$$\forall\, f \in \mathcal{L}(E, F), \qquad ||f|| := \sup_{||x||_E \leq 1} ||f(x)||_F$$

et lorsque $E \supsetneq \{0_E\}$, on a aussi

$$||f|| = \sup_{||x||=1} ||f(x)|| = \sup_{x \in E \backslash \{0\}} \frac{||f(x)||_F}{||x||_E}.$$

Cette norme fait de $\mathcal{L}(E, F)$ un espace vectoriel normé qui est complet dès que F est complet.

– Une **forme linéaire** sur E est une application linéaire de E dans $\mathbb{R}$.

L'ensemble des formes linéaires continues est appelé **dual topologique** de E et se note E'.

Puisque $\mathbb{R}$ est complet, E' est donc un espace de Banach.

*Un espace de Banach E est dit **réflexif** lorsqu'on a l'isomorphisme canonique $(E')' \simeq E$*
à l'aide de l'application

$$J : \quad E \quad \longrightarrow \quad E''$$
$$x \quad \longmapsto \quad J_x \quad \text{définie par} \quad J_x(f) = \langle f, x \rangle \quad \forall f \in E',$$

– *La topologie associée à la norme dans un espace de Banach E est appelée **topologie forte** sur E.*

*La **topologie faible** sur E est définie comme la topologie "minimale" ou "la plus grossière", telle que les éléments de E' restent continus.*

*Autrement dit, une suite $(x_k)_k$ d'éléments de E tend vers x **faiblement** (on note $x_k \rightharpoonup x$) si, pour tout $f \in E'$, $f(x_k)$ tend vers $f(x)$.*

En dimension finie, il n'y a pas de différence entre topologie forte et topologie faible. Ce n'est pas le cas en dimension infinie.

Définitions 1.2.5

Soient X un espace de Banach muni de sa topologie forte ou de sa topologie faible, disons τ, et K une partie de X. Soit f une fonction de K vers $\mathbb{R} \cup \{+\infty\}$ et x^* un élément de K.

– *On dit que f est **semi-continue inférieurement (s.c.i.)** en x^* si pour toute suite $(x_n)_n$ d'éléments de K qui converge vers x^*, on a :*

$$\liminf_{n \to \infty} f(x_n) \geq f(x^*).$$

– *On dit que f est **semi-continue supérieurement (s.c.s.)** en x^* si pour toute suite $(x_n)_n$ d'éléments de K qui converge vers x^*, on a :*

$$\limsup_{n \to \infty} f(x_n) \leq f(x^*).$$

– La fonction f est *continue en x^** si f est *semi-continue inférieurement et semi-continue supérieurement en x^**

Proposition 1.2.6

Soit $f : X \to \mathbb{R} \cup \{+\infty\}$ une fonction donnée.
Alors les assertions suivantes sont équivalentes :

- f est semi-continue inférieurement.
- Pour tout réel $t \in \mathbb{R}$, l'ensemble $\{f > t\}$ des x de X tels que $f(x) > t$ est ouvert.
- Pour tout réel $t \in \mathbb{R}$, l'ensemble $\{f \leq t\}$ des x de X tels que $f(x) \leq t$ est fermé.

1.3   Relaxation

Vu l'importance de la semi-continuité inférieure en Optimisation (Cf. Théorème 1.10.1 et 1.10.3), il est naturel de se demander ce que l'on peut faire pour rapprocher un problème d'optimisation dont la fonction-objectif n'est pas semi-continue inférieurement d'un problème dont la fonction objectif est semi-continue inférieurement. C'est cela le but de la relaxation.

Soit X un espace de Banach et τ la topologie forte ou faible de X. Soit $f : X \to \mathbb{R}$ une fonction quelconque.

Définition 1.3.1

L'enveloppe τ-semi-continue inférieure (encore appelée fonction relaxée) $\overline{f}$ de f, est définie en tout point $x \in X$ par

$$\overline{f}(x) \;=\; \sup \Big\{ g(x) \;:\; g \leq f \text{ et } g \text{ est } \tau - \text{semi-continue inférieurement sur } X \Big\}.$$

Pour calculer $\overline{f}$, la caractérisation suivante est très utile :

Théorème 1.3.2

La relaxée $\overline{f}$ de f est caractérisée par les deux propriétés suivantes :

(i) Pour toute suite $(x_n)_n$ τ-convergeant vers x dans X, on a

$$\overline{f}(x) \;\leq\; \liminf_{n \to \infty} f(x_n) \,,$$

(ii) Pour tout $x \in X$, il existe une suite $(a_n)_n$ τ-convergeant vers x dans X, telle que

$$\overline{f}(x) \;\geq\; \limsup_{n \to \infty} f(a_n) \,.$$

Nous nous intéressons maintenant au lien entre le problème original

$$\inf \big\{ f(x), \ x \in X \big\}$$

et le problème relaxé

$$\inf \big\{ \overline{f}(x), \ x \in X \big\}.$$

Théorème 1.3.3

Soit X un espace réflexif (e.g. un espace Euclidien ou de Hilbert) et soit τ la topologie faible de X. Supposons que $f : X \to \mathbb{R}$ est coercive. Alors :

(i) $\overline{f}$ *est coercive et faiblement semi-continue inférieurement.*

(ii) $\overline{f}$ *a un point minimum.*

(iii) $\min_K \overline{f} = \inf_K f$.

(iv) *Toute valeur d'adhérence d'une suite minimisante de f, est un point minimum de $\overline{f}$.*

(v) *Tout point minimum de $\overline{f}$ est limite d'une suite minimisante de f.*

1.4   Différentiabilité

Il existe plusieurs notions de différentiabilité. On peut citer la dérivation direction-nelle, la Gâteaux-différentiabilité, la différentiabilité au sens de Fréchet et la différentiabilité au sens de Hadamard. Nous nous intéressons aux trois premières qui sont les plus usuelles.

Dans toute cette section, V est un espace vectoriel normé muni d'une norme notée $\|.\|$ et $\mathbb{R}$ est muni de la norme usuelle (la valeur-absolue) et f est une application définie d'un ouvert non vide Ω de V vers $\mathbb{R}$.

Dérivée directionnelle et Gâteaux-différentiabilité

Définitions 1.4.1

Soient $x_o \in \Omega$ et $h \in V \setminus \{0\}$. (Donc il existe $r > 0$ tel que $B(x_o, r) \subseteq \Omega$.)

– *On dit que f est dérivable en x_o dans la direction de h si la fonction*

$$t \; \longmapsto \; \frac{f\left(x_o + th\right) - f\left(x_o\right)}{t}$$

définie pour $0 < |t| < r/||h||$, admet une limite (finie) dans $\mathbb{R}$ quand t tend vers 0.

Dans ce cas, la limite

$$\lim_{t \to 0} \frac{f\left(x_o + th\right) - f\left(x_o\right)}{t}$$

*est appelée la **dérivée directionnelle** de f en x_o dans la direction de h et on la note*

$$Df\left(x_o; h\right).$$

– *On dit que f est dérivable à droite en x_o dans la direction de h si la fonction*

$$t \; \longmapsto \; \frac{f\left(x_o + th\right) - f\left(x_o\right)}{t} \qquad 0 < t < r/||h||,$$

admet une limite (finie) dans $\mathbb{R}$ quand t tend vers 0^+.

Dans ce cas

$$\lim_{t \to 0^+} \frac{f\left(x_o + th\right) - f\left(x\right)}{t}$$

*est appelée la **dérivée à droite de** f en x_o dans la direction de h et on la note*

$$D^+ f\left(x, h\right).$$

$$\lim_{t \to 0^+} \frac{f\left(x + th\right) - f\left(x\right)}{t} \qquad\qquad\qquad (LG)$$

– *Lorsque f admet une dérivée directionnelle dans toutes les directions h (pour tout $h \in V \setminus \{0\}$) et que l'application*

$$h \; \longmapsto \; Df\left(x_o; h\right), \qquad \left(\text{avec } Df\left(x_o, 0_V\right) = 0\right),$$

est linéaire et continue, on dit que f est Gâteaux-différentiable en x_o.

La forme linéaire continue $D_G f\left(x_o\right)$ de V vers $\mathbb{R}$ définie par

$$D_G f\left(x_o\right)\left(h\right) \; = \; Df\left(x_o; h\right)$$

pour tout $h \in V$ s'appelle la dérivée au sens de Gâteaux de f en x_o.

On dit que f est Gâteaux différentiable sur Ω lorsqu'elle est Gâteaux différentiable en chaque point x de Ω.

Exemples 1.4.2

1. Toute forme linéaire continue f sur V est Gâteaux différentiable et $D_G f = f$.

2. Toute forme bilinéaire continue $g : V \times V \to \mathbb{R}$ est Gâteaux différentiable et $D_G g$ est définie par

$$D_G g(x_1, x_2)(h_1, h_2) = g(x_1, h_2) + g(h_1, x_2).$$

3. Toute fonction polynôme de $\mathbb{R}^n$ vers $\mathbb{R}$ est Gâteaux différentiable.

Remarques 1.4.3

– La Gâteaux différentiabilité est une notion assez faible qui n'entraîne pas automatiquement la continuité.

Noter par exemple que la fonction $f : \mathbb{R}^2 \to \mathbb{R}$ definie par

$$f(x, y) = \begin{cases} -\frac{x^4 y^8}{(x^2 + y^4)^4}, & si \quad x \neq 0, \\ 0, & si \quad x = 0 \end{cases}$$

est Gâteaux différentiable en $(0,0)$ sans y être continue.

– Le fait que les dérivées directionnelles $Df(x; h)$ existent pour tout $h \neq 0$ n'implique pas que f soit Gâteaux-différentiable.

Considérer par exemple

$$f(x, y) = \begin{cases} x + 2y, & si \quad xy \geq 0, \\ 0, & si \quad xy < 0. \end{cases}$$

Différentiabilité au sens de Fréchet

La notion de différentiabilié au sens de Fréchet est plus forte que la Gâteaux-différentiabilité, elle a lieu si et seulement si la limite (LG) de la Gâteaux-différentiabilité s'obtient uniformement par raport à h.

Définition 1.4.4

On dit que f est différentiable au sens de Fréchet (ou simplement différentiable) en x s'il existe une forme linéaire continue A telle que

$$\lim_{\|h\| \to 0} \frac{f(x + h) - f(x) - A(h)}{\|h\|} = 0;$$

c'est-à-dire

$$f(x+h) = f(x) + A(h) + o(\|h\|),$$

et dans ce cas on dénote par $Df(x)$ cette forme linéaire continue A. *Lorsque f est différentiable en x, $Df(x)$ se note simplement $f'(x)$ et s'appelle la différentielle (ou dérivée) de f en x. On dit que f est différentiable sur Ω lorsqu'elle est différentiable en chaque point de Ω.*

Proposition 1.4.5

- Si f est différentiable en un point x_o, alors f est Gâteaux différentiable en x_o, admet les dérivées directionnelles dans toutes les directions, et on a :

$$f'(x_o) = D_G f(x_o), \ Df(x_o; h) = f'(x_o)(h); \qquad \forall h \in V.$$

- Lorsque f est différentiable en un point x_o, elle est alors continue en x_o.
- Lorsque V est un espace euclidien (e.g., $\mathbb{R}^n$) ou de Hilbert $\left(H, \langle \cdot, \cdot \rangle\right)$ et $f : H \to \mathbb{R}$ est une fonction différentiable (ou simplement Gâteaux-différentiable) en un point x_o, alors l'unique vecteur $v_o \in H$ (donnée par la représentation de Riesz) tel que

$$D_G f(x_o)(h) = \langle h, v_o \rangle, \qquad h \in H,$$

s'appelle le **gradient** de f en x_o et se note $\nabla f(x_o)$

$$Df(x_o)(h) = D_G f(x_o)(h) = \langle h, \nabla f(x) \rangle, \quad \text{pour tout } h \in H.$$

- Lorsque f est différentiable au sens de Gâteaux ou de Fréchet, sa dérivée $D_G f$ est donc une application (en général non linéaire) sur Ω à valeurs dans $V' = \mathcal{L}(V; \mathbb{R})$.

  On montre que si f est Gâteaux-différentiable sur Ω et que $D_G f$ est continue sur Ω, alors f est Fréchet-différentiable sur Ω.

Définition 1.4.6

On dit que $f : \Omega \to \mathbb{R}$, est de classe C^1 sur Ω lorsque f est différentiable sur Ω et f' est une fonction continue de Ω vers $\mathcal{L}(V; \mathbb{R})$.

Différentiabilité d'ordre $2.$

Définition 1.4.7

1. *On dit que f est deux fois (Fréchet) différentiable en x s'il existe un ouvert $U \subset \Omega$ tel que $x \in U$ et :*

   i) *f est différentiable sur U,*

   ii) *l'application $x \in U \longmapsto f'(x)$ est différentiable en x.*

   Dans ce cas, la dérivée seconde de f en x est donnée par :

   $$D^2 f(x) = f''(x) = (f')'(x)$$

2. *On dit que f est de classe C^2 lorsque f est deux fois différentiable en chaque point de Ω et $D^2 f(x)$ est une fonction continue sur Ω.*

Formule de Taylor à l'ordre 2

f est deux fois dérivable en un point x si et seulement s'il existe une forme linéaire continue $A \in V'$ et une forme bilinéaire continue B telles que

$$f(x+h) = f(x) + A(h) + \frac{1}{2} B(h,h) + o\left(\|h\|^2\right)$$

Dans le cas d'un espace Euclidien $\mathbb{R}^n$, on a

$$Df(x)(h) = \langle \nabla f(x), h \rangle \qquad et \qquad D^2 f(x)(h,h) = \langle \nabla^2 f(x)(h), h \rangle,$$

où $\nabla^2 f(x) = H_f(x)$ est la matrice hessienne de f en x.

1.5   Convexité

L'importance de la convexité dans les problèmes d'optimisation provient du fait que lorsque (P) est un problème convexe (K convexe et f convexe), il n'y a pas de différence entre une solution locale et une solution globale de ce problème, et aussi du fait qu'une fonction convexe sur un polyèdre atteint son maximum en un point de ses extrémités. En effet, la différentiabilité est un outil de recherche extrémum local et en associant alors la convexité à la différentiabilité, on dégage un outil de recherche d'extrémum global.

Ensembles Convexes

Définitions 1.5.1

– *Un sous-ensemble K de V est dit **convexe** si, pour tous x et y appartenant à K, le segment*

$$[x, y] = \left\{ \lambda x + (1 - \lambda)y \ : \ 0 \le \lambda \le 1 \right\}$$

est contenu dans K. En d'autres termes,

$$\forall (x, y) \in K^2, \qquad \forall \lambda \in [0; 1], \qquad \lambda x + (1 - \lambda)y \in K$$

*D'une façon générale, on dit qu'un vecteur y de V est une **combinaison convexe** des points $\{x^1, \cdots, x^p\}$ si on a :*

$$y = \sum_{i=1}^{p} \lambda_i x^i \qquad avec \qquad \sum_{i=1}^{p} \lambda_i = 1 \qquad et \quad \lambda_i \ge 0 \quad pour \ tout \ i = 1, \ldots, p.$$

– *L'**enveloppe convexe** d'un sous-ensemble K de V est le plus petit convexe qui contient K. Il est souvent noté $conv(K)$.*

Son existence est garantie par le fait que l'intersection d'une famille d'ensemble convexes est convexe.

Notons que l'enveloppe convexe $conv(K)$ est égale à l'ensemble des combinaisons convexes d'éléments de K et que :

Dans un espace vectoriel de dimension finie n, l'enveloppe convexe d'une partie K de V est égale à l'ensemble des combinaisons convexes de $n + 1$ points de K. (C'est le théorème de Carathéodory)

– *L'**enveloppe convexe fermée** de K est l'intersection de tous les convexes fermés contenant K. Il est noté $\overline{conv}(K)$.*

Notons que si K est un convexe fermé alors $\overline{conv}K = K$.

Propriétés 1.5.2

P_1) *Si K est un ensemble convexe, alors son intérieur $int(K) = \mathring{K}$ et son adhérence $adh(K) = \overline{K}$ sont aussi convexes.*

P_2) *La somme $C_1 + C_2 = \{x_1 + x_2 : x_1 \in C_1, x_2 \in C_2\}$ de deux convexes C_1 et C_2 de V est convexe.*

En particulier si C est convexe, alors pour tout $a \in V := \{a\} + C$, le translaté

$$a + C \;=\; \{a + x, \; x \in C\}$$

est convexe.

Le produit $\alpha C = \{\alpha x, x \in C\}$ d'un scalaire $\alpha \in \mathbb{R}$ par un convexe C est un convexe.

$\mathbf{P_3})$ *Si $\{C_i\}_{i \in I}$ est une famille quelconque de convexes de V, alors leur intersection $\cap_{i \in I} C_i$ est un convexe.*

$\mathbf{P_4})$ *Si C_1 est un convexe d'un espace vectoriel E et C_2 un ensemble convexe d'un espace vectoriel F alors $C_1 \times C_2$ est un sous-ensemble convexe de $E \times F$.*

$\mathbf{P_5})$ *Soit f une application affine d'un espace vectoriel E vers un espace vectoriel F.*

  – L'image directe d'une partie convexe C de E. par f est une partie convexe de F.

  – L'image réciproque par f d'une partie convexe de F est une partie convexe de E

Polyèdres convexes

Définitions 1.5.3

*On appelle **polyèdre convexe** d'un espace vectoriel E un ensemble P de la forme*

$$P = \{x \in E \;\; tel \; que \;\; Ax \le b\}$$

avec $A : E \longrightarrow \mathbb{R}^m$ une application linéaire, $b \in \mathbb{R}^m$ et la relation d'ordre définie composante par composante.

*Un **polytope** est un polyèdre convexe borné.*

Remarque

Lorsque $E = \mathbb{R}^n$, en Programmation Linéaire, il est avantageux de représenter un polyèdre de $\mathbb{R}^n$ sous la forme dite standard suivante

$$P = \{x \in \mathbb{R}^n \;\; tel \; que \;\; Ax = b; \; x \ge 0\}$$

Cela se fait en introduisant des variables d'écart $s \in \mathbb{R}^m$ et en décomposant $x = u - v$, avec $u, v \in \mathbb{R}^n_+$.

Notion d'intérieur relatif

Soit E un espace vectoriel. En Analyse Convexe, on rencontre souvent des ensembles convexes dont l'intérieur est vide dans E : c'est le cas d'un polyèdre convexe. Il est donc nécessaire d'introduire une notion d'intérieur relatif d'un ensemble qui est son intérieur dans son enveloppe affine.

Enveloppe affine

Définitions 1.5.4

Soit C une partie d'un espace vectoriel E.

– *On appelle **enveloppe affine** de C le plus petit espace affine contenant C. C'est l'intersection de tous les sous-espaces affines contenant C et on la note aff (C).*

  *On appelle **combinaison affine** de E, un élément x de E de la forme*

  $$x = \sum_{i=1}^{m} t_i x_i,$$

  où $m \in \mathbb{N}^*$, $t_i \in \mathbb{R}$ pour tout $i \in \{1, \cdots, m\}$ et $\sum_{i=1}^{m} t_i = 1$.

  Notons que :

$\mathbf{P}_1)$ *Un ensemble est un sous espace affine si et seulement si il contient toutes les combinaisons affines de ses éléments.*

$\mathbf{P}_2)$ *Si $C \subset E$, alors aff (C) est l'ensemble des combinaisons affines des éléments de C.*

Intérieur relatif

Définitions 1.5.5

*On appelle **intérieur relatif** de C son intérieur dans son enveloppe affine aff (C), munie de la topologie induite par celle par E. On le note intr (C). On a :*

$$\text{intr}\,(C) \;=\; \Big\{ x \in C : \text{ il existe } r > 0 \text{ tel que } \quad \big(B\,(x, r) \cap \text{aff}\,(C) \big) \subset C \Big\}$$

*On dit qu'une partie C de E est un **ouvert relatif** ou est **relativement ouverte** dans aff(C), si intr $(C) = C$.*

Propriété

Si C est un ensemble convexe non vide d'un espace vectoriel de dimension finie E alors intr (C) est un convexe non vide.

Faces et points extrêmes

Définitions 1.5.6

Soit C un ensemble convexe d'un espace vectoriel E.

1. *On dit que $F \subset C$ est une face de C si F est convexe et si tout segment $[x,y]$ de C dont l'intérieur $]x,y[$ intercepte F est entièrement dans F. La dernière condition peut s'écrire :*

$$x, y \in C, \quad t \in \,]0,1[, \quad (1-t)\,x + ty \in F \quad \Longrightarrow \quad x, y \in F.$$

*Une face de C dont l'enveloppe affine est de **dimension 1** est appelée **arête***

2. *Soit $A \subset C$ une partie d'une face de C. On appelle **face engendrée** par A, la plus petite face de C contenant A. C'est l'intersection de toutes les faces de C contenant A. On la note $F(A)$. On notera $F(x)$ la face engendrée par un singleton de $\{x\} \subset C$.*

3. *On appelle **point extrême** une face réduite à un seul point*

Un point extrême est donc caractérisé par le fait qu'il ne peut pas s'écrire comme combinaison convexe de deux points distincts de C ou encore par le fait que $C \backslash \{x\}$ est convexe. L'ensemble des points extrêmes de C est noté ext(C).

Fonctions convexes

Définitions 1.5.7

Soient K une partie convexe de V et $f : K \to \overline{\mathbb{R}}$ une fonction.

- *On dit que f est **convexe** dans K si :*

$$f\left(\lambda x + (1-\lambda)y\right) \leq \lambda f(x) + (1-\lambda)f(y), \qquad \forall (x,y) \in K^2 \quad et \quad \forall \lambda \in [0,1]\,.$$

- *On dit que f est **strictement convexe** dans K si :*

$$f\left(\lambda x + (1-\lambda)y\right) < \lambda f(x) + (1-\lambda)f(y), \qquad \forall (x,y) \in K^2 : x \neq y \quad et \quad \forall \lambda \in \,]0,1[\,.$$

- *On dit que f est **concave** lorsque son opposée $-f$ est convexe.*
- *Toute fonction à la fois convexe et concave est **affine.***
- *On dit que f est **fortement convexe de module** $\alpha > 0$ si :*

$$f\left(\lambda x + (1-\lambda)y\right) \; \leq \; \lambda f(x) \; + \; (1-\lambda)f(y) \; - \; \frac{\alpha}{2}\lambda\left(1-\lambda\right)\|x-y\|^{2} \, ,$$

$$\forall\,(x,y) \in K^{2} \quad \text{et} \quad \forall\,\lambda \in \,]0;1[\, ,$$

- *On appelle **domaine** de f l'ensemble*

$$\mathbf{dom}\,(f) \; = \; \left\{ x \in \mathbb{R}^{n} / \, f\,(x) < +\infty \right\}$$

Lorsque $\mathbf{dom}\,(f)$ est non vide et que $f\,(x) > -\infty$, on dit que f est une fonction propre. Soit f une fonction de $\mathbb{R}^{n}$ vers $\overline{\mathbb{R}}$.

- *On appelle **épigraphe** de f l'ensemble :*

$$\mathbf{epi}\,f = \{(x,\alpha) \in \mathbb{R}^{n} \times \mathbb{R} \text{ tel que } f\,(x) \leq \alpha\}$$

l'épigraphe stricte de f est défini par :

$$\mathbf{epi}_{s}\,f = \{(x,\alpha) \in \mathbb{R}^{n} \times \mathbb{R} \text{ tel que } f\,(x) < \alpha\}$$

- *On dit que f est **fermée** si son épigraphe est fermé.*

Propriétés 1.5.8

$\mathbf{P_{1}})$ *Une fonction est convexe si et seulement si sa restriction à tout segment inclus dans $\mathrm{dom}(f)$ est convexe.*

$\mathbf{P_{2}})$ *Une fonction est convexe si et seulement si son épigraphe est un ensemble convexe.*

$\mathbf{P_{3}})$ *Une fonction f est fortement convexe de module α si et seulement si la fonction $x \longmapsto f\,(x) - \frac{\alpha}{2}\|x\|^{2}$ est convexe.*

$\mathbf{P_{4}})$ *Toute fonction convexe propre, en dimension finie, est localement Lipschitzienne (et donc continue) sur l'intérieur relatif de son domaine.*

Par exemple, toute fonction convexe $f : \mathbb{R}^{n} \to \mathbb{R}$ est localement Lipschitzienne (donc continue).

$\mathbf{P_{5}})$ **Propriétés locales et globales des fonctions convexes.**

i) *Toute fonction convexe (même en dimension infinie) et localement bornée est localement Lipschitienne.*

ii) *Soit H un espace Euclidien (ou un espace de Hilbert) et $f : H \to \mathbb{R}$ une fonction convexe et semi-continue inférieurement.*

   Alors f est minorée par une fonction affine.

   En particulier toute fonction convexe $f : \mathbb{R}^n \to \mathbb{R}$ admet une minorante affine.

   Et par conséquent pour tout $\alpha > 0$ et tout $y \in H$, la fonction $x \mapsto f(x) + \alpha\|x - y\|^2$ est coercive.

Exemples de fonctions convexes

1. **Fonction Indicatrice**

   On appelle **fonction indicatrice** d'une partie K de V, ou simplement **indicatrice** de K, la fonction I_K de E vers $\overline{\mathbb{R}}$ définie par :

   $$I_K(x) = \begin{cases} 0 & \text{si} \quad x \in K \\ +\infty & \text{sinon} \end{cases}$$

2. **Fonction affine et minorante affine**

   (a) Une fonction $a : V \longrightarrow \mathbb{R}$ est dite affine si elle vérifie pour tous $x, y \in V$ et tout $t \in \mathbb{R}$:

   $$a[(1 - t)x + ty] = (1 - t)a(x) + ta(y)$$

   cela revient à dire que la fonction

   $$V \ni x \longmapsto a(x) - a(0)$$

   est linéaire.

   En dimension finie ($V = \mathbb{R}^n$), une fonction affine est déterminée par la donnée d'un élément p de V et d'un scalaire $\alpha \in \mathbb{R}$ et s'écrit

   $$a : x \longmapsto \langle p, x \rangle + \alpha.$$

   l'élément p qui représente l'application linéaire $x \longmapsto a(x) - a(0)$ est appelé **pente** de a.

(b) On appelle **minorante affine** d'une fonction $f : V \longrightarrow \mathbb{R} \cup \{+\infty\}$, une fonction affine a qui minore f sur E ; i.e.,

$$\forall x \in V, \qquad a(x) \leq f(x).$$

On dit qu'une minorante affine a de f est **exacte** en x_0 si $a(x_0) = f(x_0)$. Dans ce cas on a :

$$a(x) = f(x_0) + \langle p, x - x_0 \rangle.$$

1.6 Projection sur un convexe et théorèmes de séparation

Le théorème de projection sur un convexe est très utile en Optimisation. En effet, il énonce l'existence, l'unicité et donne une caractérisation pour le problème de projection sur un convexe fermé non vide. Le théorème de séparation des convexes a une importance : le **lemme de Farkas,** qui est la clé de voûte de la démonstration du théorème de Kuhn et Tucker.

Dans cette partie, on suppose que V est un espace de Hilbert.

Projection sur un convexe

Théorème 1.6.1

Soit C une partie convexe fermée non vide de V. Alors C admet un élément de norme minimale ; c'est le projeté de 0_V sur C.

De façon équivalente, pour tout $x \in V$, il existe un unique élément de C appelé projeté de x sur C et notée $P_C(x)$ tel que :

$$\|x - P_C(x)\| = \min_{y \in C} \|x - y\| .$$

Le point $P_C(x)$ *est caractérisé par l'inéquation variationnelle :*

$$\begin{cases} P_C(x) \in C \\ \langle x - P_C(x), y - P_C(x) \rangle \leq 0, \quad \forall y \in C. \end{cases}$$

Propriétés 1.6.2

Soit C une partie convexe non vide et fermée de V.

1. *Pour tout $(x, y) \in V^2$, on a :*

$$\langle x - y, P_C(x) - P_C(y) \rangle \geq 0 \qquad et \qquad \| P_C(x) - P_C(y) \| \leq \| x - y \| .$$

   Donc P_C est une application non-expansive ; c'est-à-dire Lipschitzienne de rapport 1.

2. *Soit C un sous espace vectoriel fermé de V.*

   Pour tout $x \in H$, $P_C(x)$ est caractérisé par :

$$P_C(x) \in C \qquad et \qquad x - p_C(x) \in C^\perp.$$

   Enfin P_C est une application linéaire continue de H dans C satisfaisant $P_C \circ P_C = P_C$ et appelée projection orthogonale sur C.

Séparation

Un outil essentiel en Analyse Convexe est le théorème de Hahn-Banach sur la séparation de certains ensembles convexes non vides.

Définitions 1.6.3

– *On appelle hyperplan de V tout sous-ensemble de V de la forme :*

$$\{ x \in V \text{ tel que } \langle b, x \rangle = \beta \} ,$$

avec $b \in V \setminus \{0\}$ et $\beta \in \mathbb{R}$.

A un hyperplan $H = \{ x \in V \text{ tel que } \langle b, x \rangle = \beta \}$ correspondent deux demi-espaces ouverts

$$\{ x \in V \text{ tel que } \langle b, x \rangle < \beta \} \quad et \quad \{ x \in V \text{ tel que } \langle b, x \rangle > \beta \} ,$$

et deux demi-espaces fermés

$$\{ x \in V \text{ tel que } \langle b, x \rangle \leq \beta \} \quad et \quad \{ x \in V \text{ tel que } \langle b, x \rangle \geq \beta \}$$

– *Deux sous-ensembles E_1 et E_2 de V sont séparés s'il existe un hyperplan H tel que E_1 soit contenu dans l'un des demi-espaces fermés associés à H et E_2 est contenu dans l'autre. Autrement dit, E_1 et E_2 sont séparés lorsqu'il existe $b \in V \setminus \{0\}$ tel que :*

$$\inf_{x_1 \in E_1} \langle b, x_1 \rangle \geq \sup_{x_2 \in E_2} \langle b, x_2 \rangle$$

Si l'inégalité est stricte on dit que E_1 et E_2 sont strictement séparés

Théorèmes de séparation

Nous énonçons ici deux théorèmes de séparation.

Théorème 1.6.4

Soit H un espace de Hilbert, $x_0 \in H$ et C une partie convexe non vide de H.
Si $x_0 \notin int\,(C)$ alors il existe un hyperplan d'équation $\langle b, x \rangle = \beta$, qui sépare C de x_0.
Si $x_0 \notin \overline{C}$ alors la séparation est forte.

Preuve.

– On suppose d'abord que $x_o \notin \overline{C}$. Donc $\delta = \mathrm{d}(x_o, \overline{C}) > 0$. Soit y_o le projeté de x_o sur $\overline{C}$. On a alors $\|x_o - y_o\| = \delta > 0$. Posons

$$b_o = (x_o - y_o)/\delta \qquad \text{et} \qquad z_o = (x_o + y_o)/2 \,.$$

Il en résulte que l'hyperplan de H d'équation

$$\langle b_o, x - z_o \rangle = 0$$

sépare strictement x_o et $\overline{C}$; au fait,

$$\forall\, x \in \overline{C} \qquad \langle b_o, x \rangle < \langle b_o, z_o \rangle < \langle b_o, x_o \rangle \,.$$

– Supposons maintenant que $x_o \notin \overset{\circ}{C}$ (laissant la possibilité d'avoir $x_o \in \partial C$).
Alors x_o est la limite d'une suite $(x_k)_{k \geq 1}$ telle que $x_k \notin \overline{C}$ pour tout $k \geq 1$. D'après ce qui précède, pour chaque $k \geq 1$, il existe $b_k \in H$ tel que $\|b_k\| = 1$ et

$$\forall\, x \in \overline{C}, \qquad \langle b_k, x \rangle \leq \langle b_k, x_k \rangle \,.$$

Comme $(b_k)_{k \geq 1}$ est une suite bornée de l'espace réflexif H, il existe une sous-suite $(b_{k_j})_j$ qui converge faiblement vers un certain élément $b \in H$. Donc, d'une part

$$\forall\, x \in \overline{C}, \qquad \lim_{j \to \infty} \langle b_{k_j},\, x \rangle \;=\; \langle b,\, x \rangle\,,$$

et d'autre part

$$\lim_{j \to \infty} \langle b_{k_j},\, x_{k_j} \rangle \;=\; \langle b,\, x_o \rangle$$

car

$$\left| \langle b_{k_j},\, x_{k_j} \rangle \,-\, \langle b,\, x_o \rangle \right| \;=\; \left| \langle b_{k_j} - b,\, x_o \rangle \,+\, \langle b_{k_j},\, x_{k_j} - x_o \rangle \right|$$

$$\leq\; \left| \langle b_{k_j} - b,\, x_o \rangle \right| \,+\, \left\| x_{k_j} - x_o \right\|.$$

D'où

$$\forall\, x \in \overline{C}\,, \qquad \langle b,\, x \rangle \;\leq\; \langle b,\, x_o \rangle$$

montrant que l'hyperplan de H d'équation

$$\langle b,\, x \rangle \;=\; \langle b,\, x_o \rangle$$

sépare x_o et $\overline{C}$. □

Théorème 1.6.5

Soient A et B deux sous-ensembles disjoints, convexes et non vides de H.

Si de plus B est ouvert, alors il existe un hyperplan d'équation $\langle b, x \rangle \;=\; \beta$ qui sépare A et B de même que $\overline{A}$ et $\overline{B}$.

1.7 Différentiabilité et Convexité

Il est en général difficile de vérifier la convexité d'une fonction en utilisant uniquement la définition.

Les résultats qui suivent permettent de caractériser plus simplement une fonction convexe lorsqu'elle est différentiable

Théorème 1.7.1

Soit K un sous-ensemble convexe ouvert de V et $f : K \longrightarrow \mathbb{R}$ une fonction de classe C^1 dans K.

1. *f est convexe si et seulement si :*

$$\forall (x,y) \in K^2, \qquad f(y) - f(x) \geq \langle \nabla f(x), y - x \rangle$$

2. *f est strictement convexe si et seulement si*

$$\forall (x,y) \in K^2 : \quad x \neq y, \qquad f(y) - f(x) > \langle \nabla f(x), y - x \rangle$$

3. *f est convexe si et seulement si ∇f est monotone sur K, c'est-à-dire*

$$\forall (x,y) \in K^2, \qquad \langle \nabla f(y) - \nabla f(x), y - x \rangle \geq 0.$$

4. *Si ∇f est strictement monotone sur K ; c'est-à-dire :*

$$\forall (x,y) \in K^2, \quad x \neq y, \qquad \langle \nabla f(y) - \nabla f(x), y - x \rangle > 0$$

   alors f est strictement convexe su K.

Théorème 1.7.2

Soit K un sous-ensemble convexe ouvert de V et $f : K \longrightarrow \mathbb{R}$ une fonction de classe C^2 dans K.

i) *f est convexe si et seulement si $\quad \langle \nabla^2 f(x) h, h \rangle \geq 0, \quad \forall x \in K \quad et \quad \forall h \in \mathbb{R}^n.$*

ii) *f est strictement convexe si $\quad \langle \nabla^2 f(x) h, h \rangle > 0, \quad \forall x \in K \quad et \quad \forall h \in \mathbb{R}^n \setminus \{0\}.$*

1.8 Fonctions elliptiques, fonctions coercives.

Définitions 1.8.1

Soit $f : V \longrightarrow \mathbb{R}$.

– *On dit que f est une fonction elliptique si elle est de classe C^1 et s'il existe un réel strictement positif α tel que*

$$\forall (x,y) \in V^2, \qquad \langle \nabla f(x) - \nabla f(y), x - y \rangle \geq \alpha \|x - y\|^2.$$

On dit alors que f est $\alpha-$elliptique.

– *Soit* K *une partie non bornée de* V.

On dit que f *est coercive sur* K *si on a* :

$$\lim_{x \in K, \|x\| \to +\infty} f(x) = +\infty$$

Propriétés 1.8.2

P_1) *Si* $f : V \longrightarrow \mathbb{R}$ *est une fonction* $\alpha-$*elliptique alors elle est convexe et coercive. Elle vérifie en plus l'inégalité* :

$$f(y) - f(x) \geq \langle \nabla f(x), y - x \rangle + \frac{\alpha}{2} \|x - y\|^2 ; \quad \forall (x, y) \in V^2$$

P_2) *Si* $f : V \longrightarrow \mathbb{R}$ *est une fonction de classe* C^2, f *est elliptique si et seulement s'il existe un réel strictement positif* β *tel que* :

$$\langle \nabla^2 f(x)(h), h \rangle \geq \beta \|h\|^2, \quad \forall (x, h) \in V^2$$

1.9   Notion de cône

C'est une notion qui est très utile pour traiter les problèmes d'optimisation avec contraintes.

Généralités

Définitions 1.9.1

Soit C *une partie de* $\mathbb{R}^n$.

– *On dit que* C *est un* **cône**, *si pour tout* x *élément de* C *et pour tout* t *élément de* $\mathbb{R}_+$, tx *appartient à* C.

Si de plus C *est convexe alors on dit que* C *est un cône convexe. Un cône est saillant si* $C \cap (-C) = \{0\}$.

– *Un* **cône polyédrique convexe** *est un cône qui est aussi un polyèdre convexe*

– *Le* **cône tangent** *à* C *en un élément* x_o *de* C, *noté* $T_C(x_o)$ *est l'adhérence de l'ensemble* :

$$\left\{ t(x - x_o); \quad t \in \mathbb{R}_+ \text{ et } x \in C \right\},$$

c'est-à-dire,

$$T_C(x_o) = \overline{\left\{ t(x - x_o); \quad t \in \mathbb{R}_+ \text{ et } x \in C \right\}}.$$

– Le **cône normal ou orthogonal** à C en un élément u de C, noté $N_C(u)$ ou $C_u^\perp$ est défini par :

$$N_C(u) = C_u^\perp = \{y \in \mathbb{R}^n \text{ tel que } \langle y, x - u \rangle \leq 0, \quad \forall x \in C\}$$

– Le cône **dual positif** de C noté C^+ est le cône convexe fermé non vide défini par

$$C^+ = \{x \in \mathbb{R}^n \text{ tel que } \langle x, y \rangle \geq 0, \quad \forall y \in C\}$$

– Le **cône polaire** de C noté C° est définie par :

$$C^\circ = \{x \in \mathbb{R}^n \text{ tel que } \langle x, y \rangle \leq 0, \quad \forall y \in C\}$$

– On appelle **enveloppe cônique** de C l'intersection de tous les cônes convexes contenant C. On la note $\text{cone}(C)$.

On appelle **combinaison cônique** de $\mathbb{R}^n$, tout élément x de $\mathbb{R}^n$ de la forme

$$x = \sum_{i=1}^{m} t_i x_i;$$

où $m \in \mathbb{N}^*$, $t_i \in \mathbb{R}_+$ et $x_i \in \mathbb{R}^n$ pour $i = 1, \ldots, m$.

Notons que : dans un espace vectoriel de dimension n, l'enveloppe cônique d'un sous-ensemble C est égale à l'ensemble des combinaisons côniques de $n + 1$ points de C.

– On appelle **enveloppe cônique fermée** de C le plus petit convexe fermé qui contient C. Il est noté $\overline{\text{cone}}C$.

Propriétés 1.9.2

– Un ensemble non vide est un cône convexe si et seulement s'il contient toutes les combinaisons coniques de ses éléments.

– Si C est une partie de E alors $\text{cone}(C)$ est l'ensemble des combinaisons coniques des éléments de C.

– Pour tout $x \in C$, $T_C(x)$ et $N_C(x)$ sont des cônes convexes fermés et non vides.

– Si C est un convexe non vide, alors le cône tangent à C en un point donné est égal au pôlaire du cône normal en ce point (et vice-versa).

Projection sur un cône

La projection sur des cônes convexes fermés joue un rôle privilégié dans la dualité en optimisation.

Théorème 1.9.3

Soit C un cône convexe fermé d'un espace de Hilbert V. Pour tout $x \in V$, la projection $P_C(x)$ est caractérisée par les conditions

$$
\begin{aligned}
P_C(x) &\in C \\
\langle P_C(x), \, x - P_C(x) \rangle &= 0, \\
\langle y, x - P_C(x) \rangle &\leq 0, \quad \forall y \in C
\end{aligned}
$$

La projection sur un cône est un opérateur positivement homogène de degré 1, c'est-à-dire que :

$$
\forall \alpha \geq 0, \qquad P_C(\alpha x) = \alpha P_C(x)
$$

1.10   Conditions d'optimalité

Dans cette partie, nous rappelons quelques résultats classiques qui permettent de prouver l'existence (et parfois l'unicité) de solution pour le problème

$$
\begin{cases}
\inf f(x) \\
x \in K,
\end{cases}
$$

Comme principe général, on peut retenir que la compacité est un **cadre d'idéal d'existence**, et la convexité un **cadre favorable pour l'unicité**.

Dans cette partie, nous avons choisi de présenter quelques résultats pour les espaces de dimension finie, même si certains résultats demeurent valables également en dimension infinie.

Conditions suffisantes d'existence

Ces conditions font en général intervenir la compacité du domaine K et la coercivité de f.

Théorème 1.10.1

*Si K est une **partie compacte** de $\mathbb{R}^n$ (fermée bornée de $\mathbb{R}^n$) et si f est **semi-continue inférieurement** sur K, alors f admet un **minimum global** sur K.*

Preuve

Soit (x_p) une suite minimisante de f sur K ; i.e., $\lim_{p \to +\infty} f(x_p) = \inf_{x \in K} f(x)$.

K étant compact, il existe une sous-suite $(x_{p_m})_m$ qui converge dans K. Notons x^* la limite de cette sous-suite. On a : $\inf_{x \in K} f(x) \leq f(x^*)$. f est semi-continue inférieurement en x^* donc

$$f(x^*) \leq \lim_{m \to +\infty} \inf f(x_{p_m}) \leq \lim_{p \to +\infty} f(x_p) = \inf_{x \in K} f(x) \quad \text{et par suite } f(x^*) = \min_{x \in K} f(x)$$

Remarque 1.10.2

Ce théorème n'est utile qu'en optimisation sous contrainte car $\mathbb{R}^n$ n'est pas compact.

Théorème 1.10.3

*Si K est une **partie fermée non bornée** de $\mathbb{R}^n$ et f est **semi-continue inférieurement** et coercive sur K alors f admet un **minimum global** sur K.*

Preuve

Soit $a \in \mathbb{R}$ suffisamment grand pour que $f^{-1}(]-\infty; a]) = C$ soit non vide.

f est semi-continue inférieurement et $]-\infty; a]$ est un fermé de $\mathbb{R}$ donc C est un fermé de $\mathbb{R}^n$. De plus C est borné, sinon, C contiendrait une suite $(x_k)_k$ avec $\lim_{k \to +\infty} \|x_k\| = +\infty$ et pour tout $k \in \mathbb{N}$, $f(x_k) \leq a$: ce qui contredirait l'hypothèse selon laquelle f est coercive.

Ainsi donc, C est un compact de $\mathbb{R}^n$. D'après le Théorème précédent, f admet un minimum global x^* sur C.

Par construction, $\forall x \in K \backslash C$, $f(x) \geq a \geq f(x^*)$, et puis $\forall x \in K$, $f(x) \geq f(x^*)$ d'où f admet un minimum global sur K en x^*.

Des Théorèmes 1.10.1 et 1.10.3, on déduit le Théorème 1.10.4 qui donne l'existence et l'unicité de la solution du problème (P).

Théorème 1.10.4

1. *Soient K une **partie convexe et fermée** de $\mathbb{R}^n$ et f une fonction **continue et strictement convexe** sur K.*

   *Si K est **bornée ou si** f **est coercive** alors le problème (P) admet une solution unique dans K.*

2. *Soient $f : \mathbb{R}^n \to \mathbb{R}$ une fonction convexe et K une partie convexe, fermée et non vide.* *Si K est **bornée ou si** f **est coercive** alors le problème (P) admet une solution dans K. Cette solution est unique lorsque f est strictement convexe.*

Preuve

1. L'existence de la solution découle des Théorèmes 1.10.1 et 1.10.3

   L'unicité est une conséquence de la stricte convexité. En effet, soit x^* et $\overline{x}$ sont deux solutions distinctes du problème.

   Puisque K est convexe, $x = \frac{x^* + \overline{x}}{2} \in K$, donc $f(x^*) \leq f(\overline{x})$. Or f est strictement convexe, donc $f\left(\frac{x^* + \overline{x}}{2}\right) < \frac{1}{2}f(x^*) + \frac{1}{2}f(\overline{x})$ soit $f(x) < f(x^*)$ ce qui contredit $f(x^*) \leq f(x)$.

2. Découle du résultat precédent et du fait que toute fonction convexe et réelle sur $\mathbb{R}^n$ est continue (cf. Proposition 1.5.8)

Les conditions ci-dessus nous assurent l'existence de solution pour le problème (P), elles ne donnent aucune caractérisation des solutions. Les conditions qui suivent permettent de caractériser ces solutions dans certains cas.

Conditions nécessaires de minimum : Condition d'Euler du 1er ordre

Ces conditions pour la plupart s'appliquent pour les fonctions différentiables. Avant d'énoncer les différentes conditions, il est nécessaire de rappeler quelques résultats et définitions préliminaires.

Lemme 1.10.5

Soient U un ouvert de $\mathbb{R}^n$, $a \in \mathbb{R}^n$ et u^* un élément appartenant à l'intérieur de U $(u^* \in \overset{\circ}{U})$

Les propositions suivantes sont équivalentes

1.
$$\langle a, u - u^* \rangle \geq 0, \ \forall u \in U.$$

2.
$$a = 0$$

Preuve

- Si $a = 0$, $\langle a, u - u^* \rangle = 0$, donc il est évident que $\langle a, u - u^* \rangle \geq 0$, $\forall u \in U$.
- Supposons $\langle a, u - u^* \rangle \geq 0$, $\forall u \in U$.

  Soit $w \in \mathbb{R}^n \backslash \{0\}$. Puisque $u^* \in \text{int}(U)$, il existe une boule ouverte $B(u^*, r) \subset U$.

  Posons $\theta_0 = \frac{r}{2\|w\|}$. Alors $\forall \theta \in [-\theta_0, \theta_0]$, $u^* + \theta w \in U$. En prenant $u^* + \theta w$ à la place de u, on a alors $\langle a, \theta w \rangle \geq 0$, $\forall \theta \in [-\theta_0, \theta_0]$.

  En prenant d'abord $\theta = \theta_0$ et ensuite $\theta = -\theta_0$, on déduit que $\langle a, w \rangle = 0$, et ceci pour tout $w \in \mathbb{R}^n \backslash \{0\}$. D'autre part, l'égalité précédente est aussi vraie pour $w = 0$ donc pour tout $w \in \mathbb{R}^n$ on a $\langle a, w \rangle = 0$, en particulier pour $w = a$, on a $\langle a, a \rangle = 0$ d'où $a = 0$.

Définition 1.10.6

Soit U une partie non vide de $\mathbb{R}^n$ et u^* un élément de U.

On dit que $w \in \mathbb{R}^n \backslash \{0\}$ est une **direction admissible** pour u^* en U s'il existe $\rho_0 > 0$ tel que $u^* + \rho w \in U$, $\forall \rho \in [0; \rho_0]$.

Notons que si U est convexe alors pour tout vecteur $v \in U$, le vecteur $v - u^*$ est une direction admissible pour u^* en U. (il suffit de prendre $\rho_0 = 1$)

Lemme 1.10.7

Soit Ω un ouvert non vide de $\mathbb{R}^n$ et $f : \Omega \longrightarrow \mathbb{R}$ une fonction de classe $\mathcal{C}^1$.

Soit U un sous-ensemble convexe non vide de Ω et u^* un élément de U.

Si u^* est un **minimiseur local** de f sur U, alors pour toute direction admissible $w \in \mathbb{R}^n$ pour u^* dans U, on a

$$\langle \nabla f(u^*), w \rangle \geq 0.$$

Preuve

u^* est un **minimiseur local** de f sur U alors il existe un voisinage ouvert V de u^* dans Ω tel que

$$f(u) \geq f(u^*), \ \forall u \in V \cap U$$

w est une direction admissible pour u^* dans U, donc il existe $t_0 > 0$ tel que $u^* + tw \in U$, $\forall t \in [0; t_0]$.

D'autre part, comme V est un voisinage de u^*, il existe alors un réel positif t_1 tel que $u^* + t'w \in V \cap U$, $\forall t' \in [-t_1, t_1]$.

Ainsi donc on a :

$$f(u^* + hw) - f(u^*) \geq 0, \qquad \forall h \in \,]0, \min\{t_0, t_1\}]$$

et par suite

$$\lim_{h \to 0^+} \frac{f(u^* + hw) - f(u^*)}{h} = D^+ f(u^*, w) \geq 0$$

Puisque f est de classe $\mathcal{C}^1$ alors $D^+ f(u^*, w) = Df(u^*, w) = \langle \nabla f(u^*), w \rangle$.

Donc $\langle \nabla f(u^*), w \rangle \geq 0$. $\qquad\qquad\qquad\qquad\qquad\qquad\qquad\qquad\qquad$ □

Conditions d'optimalité

Théorème 1.10.8

Soit K un sous-ensemble ouvert de $\mathbb{R}^n$ et $f : K \longrightarrow \mathbb{R}$ une fonction de classe $\mathcal{C}^1$ dans K.

Soit U une partie de K et x^* un élément de U.

Si x^* est un **minimiseur local** de f sur U alors :

$$\langle \nabla f(x^*), x - x^* \rangle \geq 0, \qquad \forall x \in U \qquad \text{(c'est \textbf{l'inéquation d'Euler})}.$$

De plus si $x^* \in \text{int}(U)$ alors la condition précédente s'écrit

$$\nabla f(x^*) = 0 \qquad \text{(c'est \textbf{l'équation d'Euler})}.$$

Preuve

La première condition n'est qu'une conséquence du Lemme 1.10.7 et du fait que $x - x^*$ est une direction admissible pour x^* en U (car U est convexe)

L'**équation d'Euler** n'est qu'une conséquence du lemme 1.10.5 avec $a = \nabla f(x^*)$.

Remarque 1.10.9

– Le Théorème 1.10.8 ne donne que des *conditions **nécessaires** de minimum, qui ne sont pas en générales suffisantes*

– Si K est un ensemble **ouvert** (par exemple $K = \mathbb{R}^n$) alors x^* est forcement à l'intérieur de K et alors *l'équation d'Euler peut-être utilisée comme condition nécessaire de minimum relatif*

Le théorème qui suit nous donne aussi des conditions suffisantes

Théorème 1.10.10

Soit K un sous-ensemble ouvert de $\mathbb{R}^n$ et $f : K \longrightarrow \mathbb{R}$ une fonction de classe $\mathcal{C}^1$ et **convexe** dans K.

Soient U une partie convexe de K et x^* un élément de U.

Les propositions suivantes sont équivalentes :

(1) x^* est un minimiseur global de f sur U.

(2) x^* est un minimiseur local de f sur U.

(3) $\langle \nabla f(x^*), x - x^* \rangle \geq 0, \quad \forall x \in U$.

Preuve

$(1) \Longrightarrow (2)$ est évidente et $(2) \Longrightarrow (3)$ résulte du Théorème 1.10.8.

Démontrons $(3) \Longrightarrow (1)$.

La fonction f étant convexe et de classe $\mathcal{C}^1$ alors $f(x) - f(x^*) \geq \langle \nabla f(x^*), u - x^* \rangle$, $\forall x \in U$. D'après 3, on a donc $f(x) - f(x^*) \geq 0 \quad \forall x \in U$, d'où x^* est un minimiseur global de f sur U.

Conditions d'optimalité du 2nd ordre

Théorème 1.10.11

Soit K un sous-ensemble ouvert de $\mathbb{R}^n$ et $f : K \longrightarrow \mathbb{R}$ une fonction de classe $\mathcal{C}^2$ dans K. Soit x^* un élément de K.

1. (condition nécessaire du deuxième ordre)

   Si x^* est un minimiseur local de f sur K alors $\nabla f(x^*) = 0$ et $\nabla^2 f(x^*)$ est semi-définie positive.

2. (condition suffisante du deuxième ordre)

   Si $\nabla f(x^*) = 0$ et $\nabla^2 f(x^*)$ est définie positive, alors x^* est un minimiseur local strict de f sur K.

La preuve de ce théorème découle du developpement de Taylor de f en x^*.

Cas des fonctions convexes : Condition relative au sous-gradient

Dans tout ce qui suit H est un espace Euclidien ou un espace de Hilbert, sauf mention contraire.

Lemme 1.10.12

Soit H un espace de Hilbert. Si une fonction $f : H \longrightarrow \mathbb{R}$ est convexe, alors pour tout $x \in H$ et pour chaque $h \in H$, la fonction

$$t \longmapsto \frac{f(x + th) - f(x)}{t}$$

est croissante sur $]0, +\infty[$, et admet donc une limite

$$\lim_{t \downarrow 0} \frac{f(x + th) - f(x)}{t} = \inf_{t > 0} \frac{f(x + th) - f(x)}{t},$$

quand t tend vers 0^+.

On montre que cette limite est finie car la fonction d'une variable réelle; $t \mapsto f(x + th)$ est convexe et donc Lipschitzienne au voisinage de 0.

Corollaire 1.10.13

La notion de dérivée directionnelle s'étend aussi aux fonctions convexes $f : H \longrightarrow \mathbb{R} \cup \{+\infty\}$ *aux points de leurs domaines effectifs.*

Sous différentiabilité des fonctions convexes

Le calcul sous-différentiel permet d'étudier la variation d'une fonction convexe non nécessairement différentiable aux sens classique (de Gâteaux ou de Fréchet). Il montre, entre autres, comment les minima locaux des fonctions convexes propres sont aussi des minima globaux.

Définition 1.10.14

Une *minorante affine continue* d'une fonction $f : H \longrightarrow \bar{\mathbb{R}}$ est définie par un coefficient directeur $a \in H$ et une ordonnée à l'origine $\alpha \in \mathbb{R}$ tels que

$$f(y) \geq \langle a, y \rangle + \alpha, \quad \forall y \in H,$$

et cette minorante est *exacte* en un point $x \in H$, si l'égalité a lieu en $y = x$ dans l'inégalité précédente. Dans ce cas, $\alpha = f(x) - <a, x>$ et l'inégalité précédente se réécrit

$$f(y) - f(x) \geq \langle a, y - x \rangle, \quad \forall y \in H. \tag{1.1}$$

Définition 1.10.15

Pour une fonction $f : H \longrightarrow \mathbb{R} \cup \{+\infty\}$, on appelle *sous-gradient* de f en $x \in \text{dom}(f)$, tout vecteur a de H qui vérifie (1.1).

L'ensemble de ses vecteurs est appélé le *sous-différentiel* de f en x et est noté $\partial f(x)$ (qui peut être vide).

Théorème 1.10.16

Soit $f : H \longrightarrow \mathbb{R} \cup \{+\infty\}$ une fonction convexe. En un point $x \in H$ on a :

$$\partial f(x) := \left\{ \xi \in H : \quad \langle \xi, h \rangle \leq Df(x; h) \quad \forall h \in H \right\} \tag{1.2}$$

Propriétés 1.10.17

Soit $f : \mathbb{R}^n \to \mathbb{R}$ une fonction convexe.

1. Pour tout $x_o \in \mathbb{R}^n$, $\partial f(x_o)$ est un ensemble non vide, convexe et compact.

2. Etant donné $x_o \in \mathbb{R}^n$, les trois propriétés suivantes sont équivalentes :

   (i) x_o est un minimiseur de f sur $\mathbb{R}^n$; i.e., $f(x) \geq f(x_o)$ pour tout $x \in \mathbb{R}^n$.

   (ii) $0 \in \partial f(x_o)$.

   (iii) $Df(x_o; h) \geq 0$ pour tout $h \in \mathbb{R}^n$.

Preuve

Découle de la propriété d'un minimiseur et des deux définitions équivalentes de ∂f.

Théorème 1.10.18

Une fonction convexe $f : \mathbb{R}^n \longrightarrow \mathbb{R}$ (à valeurs réelles) est différentiable en un point x avec pour gradient $\nabla f(x) = v$ si et seulement si $\partial f(x)$ est réduit au seul vecteur v, et donc

$$f(y) - f(x) \quad \geq \quad \langle \nabla f(x),\, y - x \rangle, \quad \forall y \in \mathbb{R}^n. \tag{1.3}$$

Le sous-différentiel comme opérateur multivoque

Etant donné une fonction convexe $f : H \longrightarrow \mathbb{R} \cup \{+\infty\}$, la correspondance

$$x \longmapsto \partial f(x)$$

est une *application multivoque* ou *multi-application* ; c'est-à-dire qu'elle associe à un point $x \in H$ le sous-ensemble $\partial f(x)$ de H, donc c'est une application $x \longmapsto 2^H$ (famille de tous les sous-ensembles de H). De plus, elle est ici comme valeurs des parties convexes et fermées.

Définition 1.10.19

Soit une multi-application $A : H \longrightarrow 2^H$.

1. A est dite *monotone* si

$$\langle u - v,\, x - y \rangle \geq 0, \qquad \forall x \in H,\, \forall y \in H, \quad et \quad \forall u \in A(x),\, \forall v \in A(y), \qquad .\tag{1.4}$$

2. A est dite *strictement monotone* si l'inégalité stricte a lieu dans la relation 1.4 ci-dessus dès que $y \neq x$.

3. A est dite *fortement monotone de module $k > 0$* si :

$$\forall x \in H, \quad \forall y \in H, \qquad \forall u \in A(x), \quad \forall v \in A(y), \qquad \langle u - v,\, x - y \rangle \geq k\|x - y\|^2. \tag{1.5}$$

Lemme 1.10.20

Le sous-différentiel d'une fonction convexe (respectivement, strictement, fortement convexe de module $k > 0$) est une multi-application monotone (respectivement, strictement, fortement convexe de module $k > 0$).

Réciproquement, pour une fonction sous-différentiable, si le sous-différentiel est monotone, (respectivement, strictement, fortement convexe de module $k > 0$), la fonction est convexe (respectivement, strictement, fortement convexe de module $k > 0$).

La conjuguée de Fenchel

Etant donné une fonction convexe f, la notion de sa fonction conjuguée intervient dans la définition du sous différentiel ∂f. Pour $x \in \mathrm{dom}(f)$ donné, il n'est pas toujours aisé de spécifier toutes les minorantes affines de f exactes en x. Il est parfois plus facile de se donner une pente x^* d'une minorante affine

$$x \longmapsto \langle x^*, x \rangle + \alpha$$

et de chercher les points auxquels elle est exacte. On cherche le plus grand α tel que :

$$\forall x \in H : \quad \langle x^*, x \rangle + \alpha \ \leq \ f(x)$$

ou

$$\langle x^*, x \rangle - f(x) \ \leq \ -\alpha \, .$$

On voit que la plus petite valeur de $-\alpha$ est donnée par

$$f^*(x^*) := \sup_{x \in H} \big\{ \langle x^*, x \rangle - f(x) \big\} \tag{1.6}$$

C'est la *valeur conjuguée* de f en x^*.

Définition 1.10.21

Soit $f : H \longrightarrow \mathbb{R} \cup \{+\infty\}$ une fonction (non nécessairement convexe). Sa fonction conjuguée

$$f^* : H \longrightarrow \overline{\mathbb{R}}$$

est la fonction prenant en $x^* \in H$ la valeur donnée par (1.6). L'application

$$f \longmapsto f^*$$

est appelée transformée de Legendre-Fenchel.

Proposition 1.10.22

Soit $f : H \longrightarrow \mathbb{R} \cup \{+\infty\}$ une fonction propre ayant une minorante affine. Alors la transformée de Legendre-Fenchel f^* est convexe, fermée et propre.

De plus on a l'inégalité de Fenchel :

$$f^*(x^*) + f(x) \ \geq \ \langle x^*, x \rangle \qquad \forall\, x \in H,\ \forall x^* \in H$$

Preuve

Puisque, f^* s'écrit comme le supremum de la famille indexée par $x \in H$ des fonctions affines (donc convexe) et continues (donc fermées)

$$x^* \longmapsto \langle x^*, x \rangle - f(x),$$

on déduit que f^* est elle-même convexe et fermée. La conjuguée ne prend pas la valeur $-\infty$ car $\mathrm{dom} f \neq \varnothing$. Enfin $f^* \neq +\infty$ car f a une minorante affine.

Proposition 1.10.23

Si $f \in C\overline{onv}(H)$ et $H = \mathbb{R}^n$, alors

$$x^* \in \partial f(x) \iff x \in \partial f^*(x^*). \qquad (1.7)$$

Preuve

Soient $x \in H$ et $x^* \in \partial f(x)$.

Donc par définition du sous-différentiel on a :

$$f(y) - f(x) \geq \langle x^*, y - x \rangle \qquad \forall y \in H,$$

impliquant

$$\langle x^*, x \rangle - f(x) \geq \langle x^*, y \rangle - f(y), \qquad \forall y \in H.$$

D'où en prenant le supremum sur y, on obtient $\langle x^*, x \rangle - f(x) \geq f^*(x^*)$, i.e.,

$$-f(x) \geq f^*(x^*) - \langle x^*, x \rangle. \qquad (1.8)$$

De plus, d'après l'inégalité de Fenchel on a pour tout $y^* \in H$

$$\begin{aligned}
f^*(y^*) &\geq \langle y^*, x \rangle - f(x) \\
&\geq \langle y^*, x \rangle + f^*(x^*) - \langle x^*, x \rangle \quad \text{(d'après (1.8))} \\
&\geq f^*(x^*) + \langle x, y^* - x^* \rangle.
\end{aligned}$$

Il en résulte que

$$x^* \in \partial f(x) \implies x \in \partial f^*(x^*). \qquad (1.9)$$

Réciproquement si $x \in \partial f^*(x^*)$, alors $x^* \in \partial f^{**}(x)$ d'après (1.9). Or étant donné que $f \in \overline{Conv}(\mathbb{R}^n)$, on montre que $f^{**} = f$. En effet comme f coïncide avec l'enveloppe supérieure des minorantes affines de f, on a

$$f(x) = \overline{f}(x) = \sup_{\substack{x^* \in \mathbb{R}^n, \, \alpha \in \mathbb{R} \\ \langle x^*, x \rangle + \alpha \leq f(y), \, \forall y \in \mathbb{R}^n}} \left(\langle x^*, x \rangle + \alpha \right)$$

$$= \sup_{x^* \in \mathbb{R}^n} \sup_{\substack{\alpha \in \mathbb{R} \\ \langle x^*, y \rangle + \alpha \leq f(y), \, \forall y \in \mathbb{R}^n}} \left(\langle x^*, y \rangle + \alpha \right)$$

$$= \sup_{x^* \in \mathbb{R}^n} \sup_{\alpha = -f^*(x^*)} \left(\langle x^*, x \rangle + \alpha \right)$$

$$= \sup_{x^* \in \mathbb{R}^n} \left(\langle x^*, x \rangle - f^*(x^*) \right)$$

$$= f^{**}(x)$$

Ce qui donne le résultat.

Point Proximal

2.1 Opérateur proximal

Soit H un espace Euclidien dont on désigne le produit scalaire par $\langle \cdot, \cdot \rangle$ et la norme associée par $\| \cdot \|$. Soit $f \in \overline{Conv}(H)$. Pour x donné dans H, on considère le problème

$$\inf_{y \in H} \left\{ f(y) + \frac{1}{2} \|y - x\|^2 \right\} \tag{2.1}$$

et on pose

$$\varphi_x(y) \; := \; f(y) + \frac{1}{2} \|y - x\|^2.$$

Puisque f admet une minorante affine, et que $\varphi_x(y) \longrightarrow +\infty$ lorsque $\|y\| \longrightarrow +\infty$; et de plus φ_x est s.c.i et strictement convexe, alors le problème (2.1) ci-dessus a une solution unique et s'écrit donc

$$\min_{y \in H} \left\{ f(y) + \frac{1}{2} \|y - x\|^2 \right\} \tag{2.2}$$

Définition 2.1.1

On appelle *point proximal de $x \in H$* associé à f, l'unique minimiseur x_p de la fonction φ_x. *(Le point proximal dépend en général alors de f et du produit scalaire utilisé)*.

La proposition suivante est une motivation de la considération/introduction du point proximal.

Proposition 2.1.2

$$\inf_H f \; = \; \inf_{x \in H} \Big(\min \big\{ \varphi_x(y), \quad y \in H \big\} \Big).$$

Preuve

En effet   puisque pour chaque x fixé,

$$f(y) \; \leq \; f(y) + \frac{1}{2}\|y - x\|^2 \, , \qquad \forall \, y \in H \, ,$$

on a

$$\inf_{y \in H} f(y) \; \leq \; \inf_{y \in H} \varphi_x(y) \; = \; \min_{y \in H} \varphi_x(y) \, .$$

Par suite

$$\inf_{y \in H} f(y) \; \leq \; \inf_{x \in H} \big(\min\{\varphi_x(y) \; y \in H\} \big) \, .$$

De plus on a $\varphi_x(x) = \; f(x)$. Donc

$$\min_{y \in H} \varphi_x(y) \; \leq \; \varphi_x(x) \; \leq \; f(x), \; \forall x \in H$$

et on en déduit que

$$\min_{y \in H} \varphi_x(y) \; \leq \; f(x) \quad \forall \, x \in H \, .$$

D'où

$$\inf_{x \in H} \Big(\min \{\varphi_x(y), \quad y \in H \} \Big) \; \leq \; \inf_{x \in H} f(x) \; = \; \inf_H f \, .$$

Ce qui donne le résultat. □

Définition 2.1.3

On appelle *opérateur proximal*, l'application

$$P_f \, : \; H \; \longrightarrow \; H$$
$$x \; \longmapsto \; x_p \quad \text{l'unique minimiseur du problème (2.2).}$$

Plus précisement

$$P_f(x) \; = \; \operatorname{argmin} \left\{ f(y) + \frac{1}{2} \|y - x\|^2 \, : \; y \in H \right\} \, .$$

Proposition 2.1.4

Le point proximal est caractérisé par la condition d'optimalité suivante :

$$0 \in \partial \varphi_x(x_p) \; = \; \partial f(x_p) + x_p - x \, .$$

Preuve

D'après la Propriété 1.10.17 (ii).

Dès lors

$$\tilde{x} = P_f(x) \iff \exists \tilde{g} \in \partial f(\tilde{x}) : \ \tilde{x} = x - \tilde{g}. \tag{2.3}$$

On note que l'unicité de x_p implique celle de $g_p := x - x_p$.

Si f est l'indicatrice I_X d'une partie convexe fermée non vide X de H, alors P_f est la projection sur X. On peut donc voir l'opérateur proximal comme une généralisation de ce concept.

Proposition 2.1.5

Soit $f \in C\overline{onv}(H)$. L'opérateur proximal P_f a les propriétés suivantes :

(i) $\quad I - P_f = P_{f^*}$ où f^* est la conjuguée de Fenchel.

(ii) Pour tous x et $y \in H$

$$\langle P_f(y) - P_f(x), y - x \rangle \geq \| P_f(y) - P_f(x) \|^2$$

(iii) Pour tous x et $y \in H$

$$\| P_f(y) - P_f(x) \|^2 + \| P_{f^*}(y) - P_{f^*}(x) \|^2 \leq \| y - x \|^2.$$

(iv) Pour tout nombre réel $t > 0$, on a

$$P_{tf} = \operatorname{argmin} \left\{ f(y) + \frac{1}{2t} \| y - x \|^2 : y \in H \right\}.$$

Preuve

(i) On a : $(I - P_f)(x) = x - x_p = g_p$ avec $g_p \in \partial f(x_p)$.

D'après la relation (2.3) on a $g_p \in \partial f(x_p)$ impliquant $x_p \in \partial f^*(g_p)$ selon la Proposition 1.10.23.

Ainsi de l'égalité $g_p := x - x_p$ et de la relation (2.3), on déduit que $g_p = P_{f^*}(x)$.

(ii) Posons : $x_p = x - g_p^x$ avec $g_p^x \in \partial f(x_p)$ et $y_p = y - g_p^y$ avec $g_p^y \in \partial f(y_p)$. Par soustraction

$$y - x = y_p - x_p + (g_p^y - g_p^x) \tag{2.4}$$

En prenant le produit scalaire de cette identité et de $y_p - x_p$ et en utlisant la monotonie du sous-différentiel, on trouve que :

$$\langle y_p - x_p,\, y - x \rangle \;=\; \|y_p - x_p\|^2 \,+\, \langle g_p^y - g_p^x,\, y_p - x_p \rangle \;\geq\; \|y_p - x_p\|^2$$

(iii) En appliquant le résultat (ii) à f et f^*, on a pour tous $x, y \in H$:

$$\langle P_f(y) - P_f(x),\, y - x \rangle \;\geq\; \|P_f(y) - P_f(x)\|^2.$$
$$\langle P_{f^*}(y) - P_{f^*}(x),\, y - x \rangle \;\geq\; \|P_{f^*}(y) - P_{f^*}(x)\|^2.$$

D'où

$$\left\langle \big(P_f(y) + P_{f^*}(y)\big) - \big(P_f(x) + P_{f^*}(x)\big),\, y - x \right\rangle \;\geq\; \|P_f(y) - P_f(x)\|^2 \,+\, \|P_{f^*}(y) - P_{f^*}(x)\|^2,$$

c'est-à-dire

$$\langle y - x\,,\, y - x \rangle \;\geq\; \|P_f(y) - P_f(x)\|^2 \,+\, \|P_{f^*}(y) - P_{f^*}(x)\|^2$$

d'après (i). Ce qui achève la preuve.

(iv) Pour tout $t > 0$, on a

$$\min \left\{ t f(y) + \frac{1}{2} \|y - x\|^2 \,:\, y \in H \right\} \;=\; t \min \left\{ f(y) + \frac{1}{2t} \|y - x\|^2 \,:\, y \in H \right\},$$

d'où le résultat.

$\square$

2.2 Régularisation de Moreau-Yosida

Définition 2.2.1

Soit $f \in \overline{Conv}(H)$.

La *régularisée de Moreau-Yosida* de f est la fonction $\tilde{f} : H \longrightarrow \mathbb{R}$ définie par :

$$\tilde{f}(x) \;=\; \min_{y \in H} \left(f(y) + \frac{1}{2} \|y - x\|^2 \right) \;=\; f(x_p) + \frac{1}{2} \|x_p - x\|^2 \qquad (2.5)$$

où x_p est le point proximal de x.

En d'autres termes

$$\tilde{f}(x) \;=\; f \circ P_f(x) + \frac{1}{2} \left\| P_f(x) - x \right\|^2, \qquad \forall\, x \in H. \qquad (2.6)$$

La **régularisée de Moreau-Yosida est toujours de classe** $C^{1,1}$ et régularise donc f lorsque celle-ci n'est pas différentiable. De plus cette régularisation se fait sans changer les points minima de f, ni la valeur minimale de f.

C'est donc une transformation très importante du problème initial et dont les propriétés sont résumées dans la proposition suivante.

Proposition 2.2.2

Soit $f \in C\overline{onv}(H)$. Alors :

(i)　　$f \circ P_f \leq \tilde{f} \leq f$.

(ii)　　$\inf \tilde{f} = \inf f$.

(iii)　　$\operatorname{Argmin}\tilde{f} = \operatorname{Argmin}f = \left\{ x \in H : \tilde{f}(x) = f(x) \right\} = \left\{ x \in H : x = x_p \right\}$.

　　　Ce qui veut dire qu'un élément x de H est un point minimum de f si et seulement si x est un point minimum de $\tilde{f}$, ce qui revient encore à dire que x est un point fixe de l'opérateur proximal.

(iv)　　$\tilde{f} \in C\overline{onv}(H)$ et $\tilde{f}$ est de classe $C^{1,1}$ avec $\nabla \tilde{f}(x) = x - x_p$.

Preuve

(i) D'après (2.6), on a $f \circ P_f \leq \tilde{f}$. D'autre part, pour tout x donné, en prenant $y = x$ comme argument de l'infimum définissant $\tilde{f}$ on voit que $\tilde{f}(x) \leq f(x)$.

(ii) D'après (i), on a $\inf \tilde{f} \leq \inf f$.

De plus on a d'après (2.5) : $\tilde{f}(x) \geq f(x_p) \geq \inf f$.

Donc $\inf \tilde{f} \geq \inf f$.

(iii) Montrons d'abord les équivalences :

$$f(x) = \tilde{f}(x) \iff x = x_p \iff x \in \operatorname{Argmin}f. \tag{2.7}$$

Si $f(x) = \tilde{f}(x)$, l'infimum dans la définition de $\tilde{f}$ est atteint pour $y = x$ donc $x = x_p$. Réciproquement, si $x_p = x$, l'expression (2.5) de $\tilde{f}$ montre que $f(x) = \tilde{f}(x)$.

Considérons à présent la seconde équivalence. Si $x = x_p$, $g_p = x - x_p = 0$ et donc $0 \in \partial f(x)$, ce qui signifie que $x \in \text{Argmin} f$ (cf. Proposition 1.10.23) ; Réciproquement, si $0 \in \partial f(x)$, alors le fait que $x = x - 0$ montre que $x_p = x$, selon la caractérisation (2.3).

Il reste à montrer que $\text{Argmin} f = \text{Argmin} \tilde{f}$.

Soit $x \in \text{Argmin} f$. Alors on a par (i) et (ii)

$$\tilde{f}(x) \leq f(x) = \inf f = \inf \tilde{f}.$$

Donc $x \in \text{Argmin} \tilde{f}$.

De plus d'après (i) et (ii), si $x \in \text{Argmin} \tilde{f}$, alors

$$f(x_p) \leq \tilde{f}(x) = \inf \tilde{f} = \inf f \leq f(x_p), \tag{2.8}$$

si bien que que l'on a l'égalité partout. Ainsi donc $\tilde{f}(x) = f(x_p)$ impliquant que $||x - x_p||^2 = 0$, soit $x_p = x$ (voir la formule (2.5) de $\tilde{f}$). D'où $f(x) = \inf f$ d'après (2.8). Donc $x \in Argmin f$.

(iv) La régularisée $\tilde{f}$ est la fonction marginale de

$$\psi : (x, y) \longmapsto f(y) + \frac{1}{2}||x - y||^2,$$

qui est dans $Conv(H \times H)$. Cette dernière est bornée inférieurement en $y = x$ fixé ; donc la régularisée est dans $Conv(H)$ et même dans $C\overline{onv}(H)$ car elle est partout finie (Voir Proposition 1.5.8 (P_4)). On montre aisement que

$$s \in \partial \tilde{f}(x) \iff (s, 0) \in \partial \psi(x, x_p) = \big(x - x_p, \, g_p + x_p - x\big),$$

pour un certain $g_p \in \partial f(x_p)$, car pour tout $s \in \partial \tilde{f}(x)$ on a

$$\psi(u, v) - \psi(x, x_p) \geq \psi(u, u_p) - \psi(x, x_p)$$

$$= \tilde{f}(u) - \tilde{f}(x)$$

$$\geq \langle s, \, u - x \rangle.$$

Donc $\partial \tilde{f}(x)$ est un singleton (Cf. la relation (2.3) et son commentaire), ce qui implique la différentiabilité de $\tilde{f}$ en x (Cf. Théorème 1.10.18) avec $\nabla \tilde{f}(x) = g_p = x - x_p$.

De plus pour tous x, y, comme $g_p^x = P_{f^*}(x) \in \partial f(x_p)$ et $g_p^y = P_{f^*}(y) \in \partial f(y_p)$, on a d'après la proposition 2.1.5 (ii) :

$$\langle P_{f^*}(y) - P_{f^*}(x), \, y - x \rangle \geq ||P_{f^*}(y) - P_{f^*}(x)||^2$$

c'est-à-dire

$$\langle \nabla \tilde{f}(y) - \nabla \tilde{f}(x),\, y - x \rangle \;\; \geq \;\; \left\| \nabla \tilde{f}(y) - \nabla \tilde{f}(x) \right\|^2$$

ce qui implique de toute façon que

$$\left\| \nabla \tilde{f}(y) - \nabla \tilde{f}(x) \right\| \;\; \leq \;\; \|y - x\|.$$

$\square$

Chapitre Trois

Algorithme du Point Proximal (APP) et Applications

3.1   Algorithme proximal

En Analyse Numérique, l'Algorithme Proximal (ou Algorithme du Point Proximal) est un algorithme itératif du calcul d'un zéro d'un opérateur monotone maximal. Si cet opérateur est non linéaire, chaque itération provient la résolution d'un problème non linéaire.

Lorsqu'on l'applique à l'optimisation convexe, l'algorithme peut être vu comme une méthode de sous-gradient implicite.

Certains algorithmes peuvent être interprétés comme des algorithmes proximaux :

— il en est ainsi de la méthode des multiplicateurs (ou algorithme du lagrangien augmenté)

— ce qui permet d'en établir des propriétés de convergence.

Définition 3.1.1

Soient E et F deux ensembles. Une *multifonction*

$$T : \quad E \multimap \quad F$$

est une fonction définie de E à valeurs dans l'ensemble des parties de F.

Si $x \in E$, $Tx := T(x)$ est un sous-ensemble, éventuellement vide de F.

Le *graphe*, le *domaine*, et l'*image* de T se définissent et se denotent respectivement par :

$$
\begin{aligned}
\mathcal{G}(T) &:= \Big\{ (x, y) \in E \times F : y \in Tx \Big\} \\
\mathcal{D}(T) &:= \Big\{ x \in E : Tx \neq \varnothing \Big\} \\
\mathcal{R}(T) &:= \Big\{ y \in F : \exists\, x \in E \; / \; y \in Tx \Big\}.
\end{aligned}
$$

Soient H un espace de Hilbert, dont le produit scalaire est noté $\langle \cdot, \cdot \rangle$ et la norme associée est notée $\|.\|$.

Définition 3.1.2

Soit $T : H \multimap H$ une multifonction.

- On dit que T est **monotone** si

$$\langle y - y', x - x' \rangle \geq 0 \qquad \forall (x, y) \in \mathcal{G}(T) \text{ et } \forall (x', y') \in \mathcal{G}(T).$$

Ceci revient à :

$$\langle y - y', x - x' \rangle \geq 0 \qquad \forall x, x' \in H, \quad \forall y \in T(x) \text{ et } \forall y' \in T(x').$$

- On dit que T est **strictement monotone** si l'inégalité stricte ci-dessus est stricte lorsque $x \neq x'$

- On dit que T est **fortement monotone** de module $\alpha > 0$ si :

$$\forall (x, y) \in \mathcal{G}(T), \quad \forall (x', y') \in \mathcal{G}(T), \qquad \langle y - y', x - x' \rangle \geq \alpha \|x - x'\|^2.$$

- On dit que T est **opérateur monotone maximal** s'il est monotone et s'il n'existe aucun opérateur monotone T' tel que $\mathcal{G}(T)$ soit strictement inclus dans $\mathcal{G}(T')$. Autrement dit

$$\forall (u, v) \in H \times H, \quad \left(\langle y - v, x - u \rangle \geq 0, \quad \forall (x, y) \in \mathcal{G}(T) \right) \implies (u, v) \in \mathcal{G}(T).$$

Etant donné un opérateur maximal $T : H \multimap H$, on s'intéresse au problème de trouver un zéro de T, c'est-à-dire un point $x \in H$ tel que

$$0 \in T(x).$$

Nous illustrons ceci par le problème d'optimisation qui consiste à minimiser une fonction convexe fermée propre $f : H \longrightarrow \mathbb{R} \cup \{+\infty\}$ sur un espace de Hilbert H. Ce qui revient à résoudre l'inclusion

$$0 \in \partial f(x),$$

c'est-à-dire à trouver un zéro de son sous-différentiel ∂f, qui est un opérateur monotone maximal (cf. Lemme 1.10.20).

Cette observation est à la base de l'algorithme proximal primal en optimisation. On peut aussi introduire un algorithme proximal dual en utilisant le sous-différentiel concave de la fonction duale et un algorithme proximal primal-dual en utilisant le sous-différentiel convexe-concave du lagrangien .

Inéquations variationnelles

Soient H un espace de Hilbert dont le produit scalaire est noté $\langle \cdot , \cdot \rangle$, K un convexe fermé non vide de H et $F : K \longrightarrow H$ un opérateur univoque monotone (non nécessairement maximal) hémi-continu (c'est-à-dire, pour tous $u, v \in K$ et $t_n \to 0 \in \mathbb{R}$ telle que $u + t_n v \in K$, la suite $\left(F(u + t_n v) \right)_n$ converge faiblement vers $F(u)$ dans H).

On considère le problème qui consiste à trouver un point $x \in H$ vérifiant :

$$x \in K \qquad \text{et} \quad \langle F(x),\, u - x \rangle \;\geq\; 0, \quad \forall u \in K. \tag{3.1}$$

Ce problème peut s'écrire sous la forme

$$0 \;\in\; T(x)$$

en utilisant l'opérateur

$$T : \; H \;\multimap\; H$$

suivant

$$T(x) \;:=\; F(x) + N_K(x)\,;$$

où $N_K(x)$ est le cône normal à K en x (si $x \notin K$, $N_K(x)$ est vide et donc aussi $T(x)$). On montre que, sous les hypothèses énoncées sur K et F, T est monotone maximal.

L'algorithme

L'algorithme est en partie fondé sur le fait que, lorsque T est monotone maximal et $r > 0$, l'opérateur :

$$P_r := (I + rT)^{-1} \qquad (3.2)$$

est non expansif (donc univoque) et de domaine H. (Voir le livre de Brezis [1], p. 101).

On se donne un itéré initial $x_0 \in H$. L'algorithme proximal définit une suite d'itérés x_1, x_2, ..., x_k, ..., d'éléments de H, en calculant x_{k+1} à partir de x_k par la formule récurrente

$$x_{k+1} := P_{r_k}(x_k) \qquad (3.3)$$

où $r_k > 0$ est un nombre réel pouvant être modifié à chaque itération.

Exprimé autrement, le calcul de l'itéré x_{k+1} consiste à trouver l'unique solution de

$$x_{k+1} + r_k T(x_{k+1}) = x_k \qquad k = 0, 1, 2, 3, ... \qquad (3.4)$$

En toute généralité, cette opération est non linéaire (à moins que T ne soit linéaire). Cette équation montre aussi que, même si $x_0 \notin D(T)$, les itérés suivants sont dans le domaine de T. On peut s'interroger sur la pertinence de l'algorithme proximal. En effet, pour résoudre le problème original (non linéaire)

$$T(x) \ni 0 \,,$$

on est amené à résoudre une suite de problèmes auxiliaires (non linéaires) de (3.4) qui sont apparemment aussi difficiles à résoudre que le problème original. Cette critique, en apparence rédhibitoire, doit être relativisée à la lumière des remarques suivantes.

1. L'univocité et le domaine étendu de l'opérateur P_{r_k}, propriétés non nécessairement partagées par T^{-1}, rendent souvent les problèmes auxiliaires plus aisés à résoudre que le problème original.

2. Certains algorithmes (méthode des multiplicateurs, techniques de décomposition) s'écrivent naturellement sous la forme d'un algorithme proximal. Celui-ci est alors une interprétation de l'algorithme permettant d'en analyser les propriétés, en particulier la convergence.

Convergence

Résolution approchée

Le calcul de l'itéré défini par $x_{k+1} := P_{r_k}(x_k)$ est souvent coûteux en temps. Dès lors, l'on se contente souvent d'un calcul approché conservant toutefois les propriétés de convergence de l'algorithme idéal. On peut aussi argumenter que ce calcul ne peut être réalisé exactement en arithmétique flottante. Différents critères ont donc été proposés pour déterminer ce qu'est une résolution approchée acceptable.

• *Critères d'arrêt de Rockafellar.*

Rockafellar (1976) propose de se contenter d'un x_{k+1} vérifiant :

$$\|x_{k+1} - P_{r_k}(x_k)\| \leq \varepsilon_k, \quad \text{avec} \quad \sum_{k \geq 0} \varepsilon_k < \infty. \tag{3.5}$$

Ce critère n'est pas implémentable puisqu'il faut le calcul de $P_{r_k}(x_k)$, que l'on veut justement éviter (si $P_{r_k}(x_k)$ est facilement calculable, autant l'utiliser). Son intérêt est donc essentiellement théorique. Cependant comme on peut montrer que pour tout $x \in E$, on :

$$\|x_{k+1} - P_{r_k}(x_k)\| \leq \text{dist}(0, x + r_k T(x) - x_k),$$

ce critère sera vérifié si x_{k+1} satisfait le critère parfois implémentable suivant

$$\text{dist}(x_{k+1} + r_k T(x_{k+1}) - x_k, 0) \leq \varepsilon_k \quad \text{avec} \quad \sum_{k \geq 0} \varepsilon_k < \infty. \tag{3.6}$$

Ce critère demande la connaissance complète de $T(x)$, ce qui n'est pas toujours le cas (que l'on songe au cas où $T(x)$ est le sous-différentiel $\partial f(x)$ d'une fonction convexe non quadratique en x).

On a le résultat de convergence suivant :

◦ **Convergence faible** .

On suppose que T est monotone maximal. On considère l'algorithme proximal avec l'un des critères d'arrêt (3.5) ou (3.6) et des paramètres r_k minorés par une constante strictement positive. On note x_k la suite générée par l'algorithme. Alors

(1) si T n'a pas de zéro, x_k n'est pas bornée,

(2) si T a de zéro, x_k converge faiblement vers un zéro de T et

$x_{k+1} - x_k \to 0$ (convergence forte dans H).

Rockafellar (1976) propose aussi un critère plus exigeant, celui dans lequel on doit avoir le calcul d'un x_{k+1} vérifiant :

$$\|x_{k+1} - P_{r_k}(x_k)\| \ \leq \ \varepsilon_k \|x_{k+1} - x_k\| \quad \text{avec} \quad \sum_{k \geq 0} \varepsilon_k \ < \ \infty \qquad (3.7)$$

Ce critère n'est pas implémentable puisqu'on utilise le calcul de $P_{r_k}(x_k)$ mais, par l'estimation de $\|x - P_{r_k}(x_k)\|$ donnée ci-dessus, il est satisfait si l'on demande à x_{k+1} de satisfaire le critère parfois implémentable suivant

$$dist(x_{k+1} + r_k T(x_{k+1}) - x_k, 0) \ \leq \ \varepsilon_k \|x_{k+1} - x_k\| \quad \text{avec} \quad \sum_{k \geq 0} \varepsilon_k \ < \ \infty \ . \qquad (3.8)$$

Ce critère exige aussi la connaissance complète de $T(x)$, ce qui n'est pas toujours le cas.

On a alors le résultat de convergence forte suivant. On y impose que T^{-1} soit localement radialement lipschitzienne de module L en zéro, ce qui signifie que

$$\begin{cases} T^{-1}(0) \ = \ \{\bar{x}\} \quad (\text{ unique solution } \bar{x}) \\ \exists \delta > 0 \ : \quad x \in T^{-1}(y), \ \|y\| \leq \delta \quad \Rightarrow \quad \|x - \bar{x}\| \leq L\|y\|. \end{cases} \qquad (3.9)$$

L'hypothèse d'unicité des zéros de T peut être levée, soit en acceptant plusieurs zéros, soit aucun zéro.

• Convergence forte.

On considère l'algorithme proximal avec l'un des critères d'arrêt (3.7) ou (3.8) et des paramètres r_k uniformément positifs. Supposons que T soit monotone maximal et que T^{-1} soit localement radialement lipschitzienne en zéro de module L (cette dernière condition requiert que T ait un unique zéro et est satisfaite lorsque T^{-1} est différentiable en 0). On suppose que la suite générée $\{x_k\}$ est bornée. Alors $\{x_k\}$ converge fortement et linéairement vers $\bar{x}$:

$\exists \bar{k}, \ \forall k \ \geq \ \bar{k} : \ \|x_{k+1} - \bar{x}\| \ \leq \ \theta_k \|x_k - \bar{x}\|$

où $\theta_k := (\mu_k + \epsilon_k)/(1 - \epsilon_k) \leq \bar{\theta} < 1$ avec $\mu_k \leq L(L^2 + r_k^2)^{1/2} \leq \bar{\mu} < 1$.

On note que si $r_k \uparrow \infty$ alors $\mu_k \to 0$ et $\theta_k \to 0$, ce qui implique qu'alors la suite $\{x_k\}$ converge superlinéairement vers $\bar{x}$.

3.2 Algorithme du Point Proximal pour minimiser des fonctions quadratiques

Soit f une fonction quadratique définie sur $\mathbb{R}^n$ de la forme

$$f(x) := \frac{1}{2}\langle x, Qx \rangle - \langle b, x \rangle, \tag{3.10}$$

avec Q symetrique, semi-définie positive.

Comme f est convexe et différentiable, le sous-différentiel de f est reduit à son gradient et l'algorithme du point proximal prend la forme :

$$x_{k+1} = (I + r_k \nabla f)^{-1}(x_k)$$

donc

$$x_{k+1} + r_k \nabla f(x_{k+1}) = x_k,$$

c'est à dire

$$x_{k+1} + r_k(Qx_{k+1} - b) = x_k,$$

soit

$$x_{k+1} = (I + r_k Q)^{-1}(r_k b + x_k).$$

Définition 3.2.1 (Vitesse de convergence)

1. Une suite x_k converge **linéairement** vers x^*, s'il existe $\alpha \in]0, 1[$ tel que :

$$\lim_{k \to +\infty} \frac{\|x_{k+1} - x^*\|}{\|x_k - x^*\|} = \alpha. \tag{3.11}$$

Le réel $\alpha \in]0, 1[$ est alors appelé le taux de convergence linéaire.

Lorsque

$$\lim_{k \to +\infty} \frac{\|x_{k+1} - x^*\|}{\|x_k - x^*\|} = 0, \tag{3.12}$$

on parle de convergence superlinéaire.

2. La convergence d'une suite x_k vers un élément x^* est dite **quadratique** avec un taux $\alpha \in]0, 1[$ si :

$$\lim_{k \to +\infty} \frac{\|x_{k+1} - x^*\|}{\|x_k - x^*\|^2} = \alpha. \tag{3.13}$$

3. Plus géneralement, étant donné $q \geq 1$,

 – la convergence d'une suite x_k vers un élément x^* est dite d'ordre q avec un taux $\alpha \in]0,1[$ si :

$$\lim_{k \to +\infty} \frac{\|x_{k+1} - x^*\|}{\|x_k - x^*\|^q} = \alpha, \tag{3.14}$$

 – la convergence d'une suite x_k vers un élément x^* est dite au moins d'ordre q, s'il existe $\alpha \in]0,1[$ tel que :

$$\limsup_{k \to +\infty} \frac{\|x_{k+1} - x^*\|}{\|x_k - x^*\|^q} \leq \alpha. \tag{3.15}$$

Rockafellar a établi que si T^{-1} est Lipschitz-continue en 0, l'APP converge linéairement. Il a également montré que si $T = \partial f$, T est Lipschitz-continue en 0 si et seulement si les deux conditions suivantes sont satisfaites :

i) f a un minimum unique x^*,

ii) $\exists \lambda > 0$, $\exists \epsilon > 0$ tels que :

$$f(x) \geq f(x^*) + \lambda \|x - x^*\|^2 \qquad \text{pour tout} \ \ x \ \text{tel que} \ \ \|x - x^*\| \leq \epsilon.$$

Cette hypothèse est satisfaite pour une fonction quadratique dont le hessien Q est défini positif avec $x^* = Q^{-1}b$ et λ égal à la plus petite valeur propre de Q.

Modification de l'APP pour le calcul d'elements propres

Considerons maintenant l'APP dans lequel r_k est une suite constante ($r_k = r$, quelque soit k). Alors il suffit d'inverser $(I + rQ)$ une seule fois au départ et l'évaluation de l'application proximale se réduit à une multiplication par la matrice $M = (I + rQ)^{-1}$. Pour une grande efficacité numérique, on peut remplacer l'inversion matricielle par une factorisation (Cholesky, QR, ...)

On introduit deux nouvelles suites w_k et γ_k obtenues à partir de x_k dans l'algorithme suivant :

Application de l'Algorithme du Point Proximal

- Choisir $x_0 \in \mathbb{R}^n$, poser $M = (I + rQ)^{-1}$ et $k = 0$

- A chaque itération faire :

$x_{k+1} = M(rb + x_k)$.

$y_{k+1} = x_{k+1} - x_k$.

$w_{k+1} = \frac{y_{k+1}}{\|y_{k+1}\|}$.

$\gamma_{k+1} = \frac{\|My_{k+1}\|}{\|y_{k+1}\|}$.

Incrémenter k.

Soit M une matrice symétrique réelle de d'ordre n , λ_1, ..., , λ_m ses m valeurs propres distinctes telles que $|\lambda_1| > |\lambda_2| > \ldots > |\lambda_m|$. Nous noterons E_i l'espace propre engendré par la valeur propre λ_i et v_i un vecteur propre non nul de E_i.

Lemme 3.2.2

Soit x_0 non orthogonal à E_1 et $x^k = M^k x_0$: alors la suite $\delta_k = \frac{\|x_{k+1}\|}{\|x_k\|}$ converge vers $|\lambda_1|$.

Si, de plus x_0 n'est pas orthogonal à E_2, la convergence est linéaire avec un taux égal à $(\frac{\lambda_2}{\lambda_1})^2$.

Preuve

Sot v_1, ..., v_m une famille de vecteurs propres orthonormés tels que

$x_0 = \beta_1 v_1 + \ldots + \beta_m v_m$, alors

$$M^k x_0 = \beta_1 {\lambda_1}^k v_1 + \ldots + \beta_m {\lambda_m}^k v_m. \tag{3.16}$$

Les vecteurs v_i étant orthonormés on a d'après Pythagore :

$$\|M^k x_0\|^2 = \sum_{i=1}^{m} \beta_i^2 \lambda_i^{2k}; \tag{3.17}$$

Par hypothèse $\beta_1 \neq 0$, donc

$$\|M^k x_0\|^2 = {\beta_1}^2 {\lambda_1}^{2k} \left(1 + \sum_{i=2}^{m} \left(\frac{\beta_i}{\beta_1} \right)^2 \left(\frac{\lambda_i}{\lambda_1} \right)^{2k} \right)$$

Si x_0 n'est pas orthogonal à E_2, alors $\beta_2 \neq 0$. Soient $\omega = \left(\frac{\beta_2}{\beta_1} \right)^2$ et $\tau_k = \left(\frac{\lambda_2}{\lambda_1} \right)^{2k}$. Lorsque k tend vers $+\infty$, τ_k tend vers 0, donc

$$\|M^k x_0\|^2 \sim {\beta_1}^2 {\lambda_1}^{2k}(1 + \omega\tau_k).$$

donc

$$\delta_k{}^2 \;\sim\; \lambda_1^2 \frac{1 + \omega \left(\frac{\lambda_2}{\lambda_1}\right)^2}{1 + \omega \tau_k} \;\sim\; \lambda_1^2 \left(1 + \omega \left(\left(\frac{\lambda_2}{\lambda_1}\right)^2 - 1\right)\tau_k\right)$$

d'où

$$\delta_k \;\sim\; |\lambda_1| \left(1 + \frac{\omega}{2}\left(\left(\frac{\lambda_2}{\lambda_1}\right)^2 - 1\right)\tau_k\right)$$

et par conséquent

$$\delta_k - |\lambda_1| \;=\; O(x) = O\left(\left(\frac{\lambda_2}{\lambda_1}\right)^2\right)^k$$

Théorème 3.2.3

Soit f une fonction quadratique dont le hessien Q est sémi-défini positif, α_1 la plus petite valeur propre non nulle de Q et $(x_k)_{k\geq 0}$ une suite de points générés par l'APP avec pour $r_k = r$. On suppose que x_0 n'est pas orthogonal à l'espace propre associé à α_1, alors

$$\lim_{k \to +\infty} \gamma_k = \frac{1}{1 + r\alpha_1}$$

et

$$\lim_{k \to +\infty} \omega_k = v_1$$

où v_1 est un vecteur propre associé à α_1. Les suites $(\gamma_k)_k$ et $(\omega_k)_k$ convergent linéairement. Si $\mathrm{Argmin} f \neq \varnothing$, alors $(x_k)_k$ converge linéairement vers $x^* = \mathrm{proj}_{\mathrm{Argmin} f}(x_0)$ avec un taux égal à $\frac{1}{1+r\alpha_1}$

Preuve

Sachant que $y_{k+1} = x_{k+1} - x_k$, on obtient immédiatement par différence

$$y_{k+1} = (I + rQ)^{-1}(y_k) \tag{3.18}$$

ce qui n'est rien d'autre que la méthode de puissance itérée avec la matrice $(I + rQ)^{-1}$
Soient $\alpha_1, \ldots, \alpha_m$ les valeurs propres de Q et E_i l'espace associé à α_i; alors E_i est aussi un espace propre de $(I+rQ)^{-1}$ associé à la valeur propre $\frac{1}{1+r\alpha_i}$. D'après le théorème de convergence de la méthode de la puissance itérée, $\{\omega_k\}$ converge vers v_1 et d'après le Lemme 3.2.2, $(\delta_k)_k$ et $(\gamma_k)_k$ convergent linéairement vers $\frac{1}{1+r\alpha_1}$. Si $\mathrm{Argmin} f \neq \varnothing$, alors la convergence linéaire

de $(x_k)_k$ vers $x^* \in \text{Argmin} f$ découle directement des résultats de Rockafellar. Montrons que x^* est la projection de x_0 sur $\text{Argmin} f$.

On munit E d'une base de vecteurs propres de Q.

$$\text{Argmin} f = \left\{ x : \nabla f(x) = 0 \right\} = \left\{ x : \alpha_i x^i = b^i \text{ (dans la base de vecteurs propres)} \right\},$$

donc $\alpha_i = 0$ implique $b^i = 0$ puisque par hypothèse $\text{Argmin} f \neq \varnothing$

Dans la base de vecteurs propres choisie pour E, pour chaque composante x_{k+1}^i de x_{k+1}, l'itération dévient

$$x_{k+1}^i = \frac{1}{1 + r\alpha_i}(rb^i + x_k{}^i)$$

Si $\alpha_i = 0$, on a alors $x_{k+1}^i = x_k^i = x_0^i$ donc $x_i^* = x_0{}^i$, c'est à dire

$$\text{proj}_{\text{Ker} Q}(x^* - x_0) = 0.$$

Comme $x^* \in \text{Argmin} f$, on a $\text{Argmin} f = x^* + \text{Ker} Q$ et par conséquent x^* est la projection de x_0 sur $\text{Argmin} f$.

Coût de l'APP

L'APP appliquée à la minimisation d'une fonction quadratique n'a d'intérêt que parce qu'il permet le calcul de la plus petite valeur propre du hessien et d'un vecteur propre associé. Puisque l'APP n'est que la multiplication d'une matrice par un vecteur, si l'on s'interresse au calcul de α_1, en prenant $b = 0$ on a :

$$x_{k+1} = M x_k$$

et

$$\gamma_{k+1} = \frac{\|x_{k+1}\|}{\|x_k\|}$$

donc elle nécessite un produit matrice-vecteur de $n(2n-1)$ opérations, le calcul de la norme de x_{k+1} (environ $2n-1$ opérations) et une division, soit $2n^2 + n = O(n^2)$ opérations élémentaires.

3.3 Algorithme général du point proximal de Güler

La méthode du point proximal développée par Güler se présente comme suit :

i) Initialiser $x^0 \in \mathbb{R}^n$ tel que $f(x^0) < \infty, \quad c_0 > 0, \quad A > 0$.

Définir $\vartheta_0 = x^0$, $A_0 = A$ et $k = 0$.

ii) Calculer $\alpha_k = \frac{\sqrt{(A_k c_k)^2 + 4 A_k c_k} - A_k c_k}{2}$.

iii) Calculer la solution x^{k+1} par itération suivante :

$$y_k = (1 - \alpha_k) x^k + \alpha_k \vartheta_k$$

$$x^{k+1} = \text{Argmin}_{z \in \mathbb{R}^n} \{ f(z) + (2c_k)^{-1} \| z - y_k \|^2 \}$$

$$\vartheta_{k+1} = \vartheta_k - \frac{x^{k+1} - y_k}{\alpha_k}$$

$$A_{k+1} = (1 - \alpha_k) A_k.$$

Le taux de convergence de cette méthode est

$$\sigma_n = \sum_{k=1}^n c_k$$

.

A. Hamdi, M. A. Noor et A. A. Mukheimer ont amélioré ce taux de convergence en changeant le terme $(2c_k)^{-1} \| z - y_k \|^2$ par $(c_k)^{-1} D_h(z, y_k)$ avec

$$D_h(x, y) = h(x) - h(y) - \langle \nabla h(y), x - y \rangle \tag{3.19}$$

où pour un sous ensemble S de $\mathbb{R}^n$, $x \in \overline{S}$ et $y \in S$ et $h : S \longrightarrow \mathbb{R}$ est continûment différentiable sur S telle que D_h satisfait certaines propriétés techniques.

Définition 3.3.1

On dit que h est une fonction de Bregman de zone S ou une D-fonction si :

(a) h est continûment différentiable sur S et continue sur $\overline{S}$,

(b) h est strictement convexe sur $\overline{S}$,

(c)   Pour tout $\lambda \in \mathbb{R}$, les sous-ensembles partiels définis par

$$L_1(y, \lambda) = \left\{ x \in \overline{S}; D_h(x, y) \leq \lambda \right\} \quad \text{et} \quad L_2(x, \lambda) = \left\{ y \in S; D_h(x, y) \leq \lambda \right\}$$

sont bornés pour tout $y \in S$ et tout $x \in \overline{S}$, respectivement.

(d)   Si $\{y_k\} \in S$ est une suite convergente de limite y^*, alors $D_h(y^*, y_k) \to 0$

(e)   Si $\{x^k\}$ et $\{y_k\}$ sont des suites telles que $y_k \to y^* \in \overline{S}$, $\{x^k\}$ est bornée et $D_h(x^k, y_k) \to 0$, alors $x^k \to y^*$.

Lemme 3.3.2

Soit h une fonction de Bregman de zone S. Alors :

(i) $D_h(x, x) = 0$ et $D_h(x, y) \geq 0$ pour tout $x \in \overline{S}$ et $y \in S$.

(ii) Pour tous $a, b \in S$ et $c \in \overline{S}$, on a :

$$D_h(c, a) + D_h(a, b) - D_h(c, b) = \langle \nabla h(b) - \nabla h(a), c - a \rangle$$

(iii) pour tous $a, b \in S$, $D_h(a, b) + D_h(b, a) \leq \|\nabla h(a) - \nabla h(b)\| \|a - b\|$.

(iv) Pour tout $x \in S$, $h^*(\nabla h(x)) = \langle x, \nabla h(x) \rangle - h(x)$, avec h^* fonction conjuguée de h.

(v) Pour une suite $\{x^k\} \in S$ telle que $x^k \to 0$, on a alors $D_h(x^*, x^k) \to 0$ et $D_h(x^k, x^*) \to 0$.

Lemme 3.3.3

(i) Si $g : \mathbb{R}^n \longrightarrow \mathbb{R}$ est une fonction strictement convexe telle que $g \in \mathbb{C}^2(\mathbb{R}^n)$,

$$\lim_{\|x\| \to \infty} \frac{g(x)}{\|x\|} = +\infty,$$

alors g est une fonction de Bregman.

(ii) Si g est une fonction de Bregman, alors $x \longmapsto g(x) + c^\top x + d$ pour tout $c, d \in \mathbb{R}^n$ est aussi une fonction de Bregman.

3.3.1   Remarque 3.3.4

$D_h(\,\cdot\,,\cdot\,)$ ne peut être une distance à cause de la symétrie et de l'inégalité triangulaire. On l'appelle plutôt la distance de l'entropie.

Voici **l'algorithme** proposé par A. Hamdi, M. A. Noor et A. A. Mukheimer :

i) Initialiser $x^0 \in \mathbb{R}^n$ tel que $f(x^0) < \infty$, $c_0 > 0$, $A > 0$.

Définir

$$\vartheta_0 = x_o, \quad A_0 = A \quad \text{et} \quad k = 0.$$

ii) Calculer

$$\alpha_k^2 \;=\; \frac{(1 - \alpha_k)A_k c_k}{LL^*}$$

où L est la constante de Lipschitz de ∇h et L^* celle de $\nabla h^* = (\nabla h)^{-1}$.

iii) Calculer la solution x_{k+1} par itération suivante :

$$y_k \;=\; (1 - \alpha_k)x_k + \alpha_k \vartheta_k$$

$$x_{k+1} \;=\; \text{argmin}_{z \in \mathbb{R}^n} \left\{ f(z) + (c_k)^{-1} D_h(z, y_k) \right\}$$

$$\vartheta_{k+1} = \nabla h^* \left(\nabla h(\vartheta_k) + \frac{x_{k+1} - y_k}{\alpha_k} \right),$$

$$A_{k+1} \;=\; (1 - \alpha_k)A_k .$$

Cet algorithme est bien défini et converge avec l'estimation

$$f(x_k) - \min f \;=\; \mathcal{O}\left(\frac{1}{\gamma_k^2} \right) \qquad \text{où} \quad \gamma_k = \sum_{j=0}^{k-1} \sqrt{c_j},$$

lorsque

(1) h est une fonction de Bregman de zone S telle que $\overline{\text{Dom}(\partial f)} \subset S$,

(2) $\text{Im}(\nabla h) = \mathbb{R}^n$ ou $\text{Im}(\nabla h)$ est ouvert,

(3) ∇h est Lipschitzienne de rapport L,

(4) $x_o \in \text{Dom}(\nabla h)$ et $\sum_{k=0}^{\infty} \sqrt{c_k} = \infty$.

3.4 Algorithme du point proximal dans un cas où f est non convexe

Wen-yu Sun et al. ont considéré dans un article intutilé *"Proximal Point Algorithm for minimization of DC Functions"* comment minimiser une fonction f non convexe sur $\mathbb{R}^n$ en utilisant la méthode du point proximal. Il s'agit du cas des fonctions f pouvant se décomposer comme la différence de deux fonctions convexes, c'est-à-dire

$$f(x) \;=\; g(x) - h(x), \quad \forall x \in \mathbb{R}^n \tag{3.20}$$

où $g : \mathbb{R}^n \longrightarrow \mathbb{R}$ et $h : \mathbb{R}^n \longrightarrow \mathbb{R}$ sont des fonctions convexes, propres et semi-continue-inférieurement. Dans ce cas f s'appelle DC function, ce qui signifie **D**ifference of two **C**onvexe function.

La motivation de cet article est l'utilisation sous-jacente des notions convexes des problèmes non convexe. Il y avait beaucoup de papiers sur les DC functions mais peu ont proposé des algorithmes spécifiques. Néanmoins, en fonction des lemmes et théorèmes suivants, nous proposerons un algorithme les concernant.

On désigne Γ_0 l'ensemble des fonctions convexes, propres et s.c.i definies sur $\mathbb{R}^n$.

Si $f(x) = g(x) - h(x)$, $\quad \forall x \in \mathbb{R}^n$ est un DC function avec $g, h \in \Gamma_0$, on peut choisir g et h comme fonctions fortement convexes en décomposant f de la façon suivante :

$$f(x) \;=\; [g(x) + w(x)] - [h(x) + w(x)], \quad \forall x \in \mathbb{R}^n \tag{3.21}$$

où $w : \mathbb{R}^n \longrightarrow \mathbb{R}$ est une fonction fortement convexe.

Proposition 3.4.1

1. On a :

$$\inf_{x \in \mathbb{R}^n} \{g(x) - h(x)\} = \inf_{y \in \mathbb{R}^n} \{h^*(y) - g^*(y)\} \tag{3.22}$$

2. Une condition nécessaire à $x \in \mathrm{Dom}(f)$ d'être un minimiseur local de f est

$$\partial h(x) \;\subset\; \partial g(x) \;\neq\; \varnothing \tag{3.23}$$

Il est difficile de vérifier la condition précédente (3.23). Ainsi on se contente de justifier

$$\partial h(x) \ \cap \ \partial g(x) \neq \ \varnothing \qquad (3.24)$$

On dit que x^* est un point critique de f si la condition (3.24) est vérifiée.

La méthode de la minimisation des fonctions DC consiste à décomposer chaque itération en deux étapes :

- Augmenter la fonction h selon la direction du sous-gradiant.

- Décroitre g par une étape proximale.

Lemme 3.4.2

Soit $h \in \Gamma_0$ et $x \in \mathbb{R}^n$. Alors $\forall w \in \partial h(x)$ avec $w \neq 0$ et $c_k > c > 0$, on a :

$$h(x + c_k w) \ > \ h(x).$$

Preuve

C'est une conséquence immédiate des inégalités sur les sous-gradients.

$$h(x + c_k w) \ \geq \ h(x) + \langle w, c_k w \rangle, \qquad \forall w \in \partial h(x)$$

Le lemme suivant donne une condition nécessaire et suffisante pour x d'être un point critique des fonctions DC.

Lemme 3.4.3

Une condition nécessaire et suffisante à x d'être un point critique de f est que :

$$x = (I + c_k \partial g)^{-1}(x + c_k w) \qquad (3.25)$$

pour tout $c_k > c > 0$ et $\forall w \in \partial h(x)$.

Preuve

Soit x un point critique de f.

De la condition (3.24), il existe $w \neq 0$ tel que $w \in \partial h(x) \cap \partial g(x)$. Evidemment $w \in \partial g(x)$, donc $x + c_k w \in x + c_k \partial g(x)$. Puisque ∂g est un opérateur maximal et monotone et $(I + c_k \partial g)^{-1}$ est exacte, on obtient la relation (3.25) et vice-versa.

Posons $P_k = (I + c_k \partial g)^{-1}$. D'après le lemme 3.4.3, $x = P_k(x + c_k w)$ si et seulement si x est un point critique de f. On obtient une itération du point proximal par $x_{k+1} = P_k(x_k + c_k w)$ avec $P_k = (I + c_k \partial g)^{-1}$.

Algorithme du Point Proximal (APP-DC)

a) Choisir un $x_0 \in \mathbb{R}^n$, $c_0 > c > 0$, $k = 0$

b) Calculer $w_k \in \partial h(x_k)$ et poser $y_k = x_k + c_k w_k$.

c) Calculer $x_{k+1} = (I + c_k \partial g)^{-1}(y_k)$ par la méthode du point proximal.

d) Si $x_{k+1} = x_k$, arrêter. Sinon $k := k + 1$ et retourner à l'étape b).

Remarque 3.4.4

- La décomposition de f n'est pas unique.
- La minimisation de $f(x) = g(x) - h(x)$ est équivalente à la minimisation de $\hat{f}(x) = \hat{g}(x) - \hat{h}(x)$ avec $\hat{g}(x) = cg(x) + \frac{1}{2}\|x\|^2$ et $\hat{h}(x) = ch(x) + \frac{1}{2}\|x\|^2$ pour $c > 0$. La méthode se décrit de la manière suivante :

$$y_k \in \partial \hat{h}(x_k) \quad \text{et} \quad x_{k+1} \in \partial(\hat{g})^*(y_k), \tag{3.26}$$

avec $\partial(\hat{g})^* = (I + c\partial g)^{-1}$.

Convergence de l'algorithme

Théorème 3.4.5

La suite $(x_k)_k$ générée par l'algorithme satisfait les conditions suivantes :
- soit l'algorithme s'arrête à un point critique de f ;
- ou f décroît strictement, c'est-à-dire $f(x_{k+1}) < f(x_k)$.

Preuve

Si $x_{k+1} = x_k$, alors d'après le Lemme 3.4.2, x_k est un point critique de f. Supposons que $x_{k+1} \neq x_k$. En utilisant les inégalités de sous-gradient, nous pouvons réécrire l'itération de l'APP-DC de la manière suivante :

$$x_k + c_k w_k \in x_{k+1} + c_k \partial g(x_{k+1})$$

$$\Longleftrightarrow$$

$$c_k^{-1}(x_k - x_{k+1}) + w_k \in \partial g(x_{k+1})$$

$$\Longleftrightarrow$$

$$g(x_k) \geq g(x_{k+1}) + \langle c_k^{-1}(x_k - x_{k+1}) + w_k, x_k - x_{k+1} \rangle. \tag{3.27}$$

En d'autres thèmes, w_k est un sous-gradient de h au point x_k, ainsi nous avons

$$h(x_{k+1}) \geq h(x_k) + < w_k, x_{k+1} - x_k > . \tag{3.28}$$

Si nous soustrayons (3.27) de (3.28), nous obtenons

$$f(x_{k+1}) \leq f(x_k) - c_k^{-1}||x_k - x_{k+1}||^2. \tag{3.29}$$

D'où nous concluons que $f(x_{k+1}) < f(x_k)$.

Théorème 3.4.6

Supposons que les suites $(x_k)_k$ et $(y_k)_k$ générées par l'algorithme APP-DC sont bornées. Alors, toute sous-suite convergente de $(x_k)_k$ converge vers un point critique de f.

Preuve

D'après Zangwill [10], la convergence globale d'un algorithme résulte de trois propriétés dans son itération : la descente, la fermeture et la bornitude.
Soit S un ensemble de points critiques de f.

(1) f est une fonction descente en dehors de S. Sinon, le Théorème 3.4.5 garantit que $f(x_{k+1}) < f(x_k), \forall k$ tel que $x_k \neq x_{k+1}$. D'où d'après le Lemme 3.4.2, $x_k \notin S$. On voit trivialement que si $x_k \in S$, alors $f(x_{k+1}) = f(x_k)$.

(2)   La fonction de l'algorithme est fermée. Cependant l'algorithme pourrait être écrit comme $x_{k+1} \in B \circ C(x_k)$ avec $B = (I + c_k \partial g)^{-1}$ et $C = I + c_k \partial h$. Notons que B est un opérateur résolvant de ∂g, d'où son graphe est fermé. De plus, h étant une fonction convexe, propre s.c.i, le graphe de C est aussi fermé. Ainsi la suite $(y_k)_k$ avec $y_k \in C(x_k)$ devant être bornée par les hypothèses, possède une sous-suite convergente $\{y'_k\}$ et ensuite la fonction $B \circ C$ est fermée.

(3)   La suite (x_k) est bornée par hypothèse.

CHAPITRE QUATRE

Conclusion et Perspectives

Conclusion

Tous les problèmes d'optimisation peuvent être considérés comme des problèmes de minimisation. Tous les problèmes de minimisation convexe peuvent être considérés comme des problèmes de minimisation convexe sans contrainte.

Il y a plusieurs méthodes pour résoudre les problèmes de minimisation sans contrainte. Parmi elles se trouve la Méthode du Point Proximal qui est un algorithme permettant d'approcher une solution d'un problème de minimisation non différentiable et sans contrainte dans un espace euclidien et dont la fonction objectif est convexe propre et admet au moins un minimum. L'Algorithme du Point Proximal se justifie théoriquement par la régularisation de Moreau-Yosida que nous avons clairement présenté.

Beaucoup d'auteurs comme Rockafellar, Minty, Güler et autres, ont contribué au developpement de cette méthode.

Il arrive que l'idée de cet Algorithme de l'Optimisation Convexe soit adaptée à l'optimisation non-convexe comme l'ont montré Wen-yu Su et al. pour certaines différences de fonctions convexes.

Perspectives

Bien que l'**Algorithme du Point Proximal** ait résolu beaucoup de problèmes d'optimisation très complexes provenant des sciences appliquées, des questions intéressantes se posent sur comment l'implémenter à moindre coût car à chaque étape de l'algorithme l'on a un sous-problème d'optimisation. Certaines réponses ont été données par Rockafellar et méritent encore d'être élargies.

Par ailleurs, la combinaison de la méthode du Point Proximal avec d'autres techniques d'optimisation mérite aussi d'être envisagée afin d'aborder significativement les problèmes d'optimisation non différentiable et/ou non convexes.

Bibliographie

[1] H. Brézis. Analyse Fonctionelle, Théorie et Applications. Masson 1987.

[2] R. S. Burachik & A. N. IUSEM, *A generalised proximal point algorithm for the nonlinear complementarity problem*. Revue Française d'Automatique, d'Informatique et de Recherche Opérationnelle, Tome 33, No 4 (1999), p447-479.

[3] A. Hamdi, M. A. Noor & A. A. Mukheimer, *Convergence of a Proximal Point Algorithm for Solving a Minimization Problem*, Journal of Applied Mathematics. Volume 2012, Article ID142862 doi 10.1155/2012142862.

[4] J.B. Hiriart-Urruty and C. Lematrechal, Fondamentals of Convex Analysis. Springer 2001.

[5] P. Lascaux & R. Theodore, Analyse Numérique Matrcielle Appliquée à l'Art de l'ingénieur. Masson, 1987.

[6] R. T. Rockafaller, *Monotone Operator and the Proxmal Point Algorithm*, SIAM Journal on Control and Optimization, 14, pp. 877-898, 1976.

[7] W. Sun, R.J.B. Sampaio and M.A.B. Candido, *Proximal Point Algorithm For Minimization of DC Function*, Journal of Computationnal Mathematcs , Vol 21, No4, 2003, 451-462.

[8] G. Vige, N-2610/INRIA/Juillet 1995, Proximal Point Algorithm for Minimizing Quadratic Function.

[9] M. Willem, Analyse Convexe et Optimisation. CIACO s.c. 1987.

[10] W.I. Zangwill, Nonlinear Programming : A Unified Approach, Prentice-Hall, 1969.

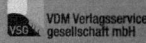